U0201187

中国茶
彩色全图鉴

王弘福 ⊙编著

中国水利水电出版社
www.waterpub.com.cn

·北京·

内 容 提 要

中国是茶的故乡，历史悠久，种类繁多。本书涵盖了中国茶的所有门类。在结构上，将茶分为绿茶、红茶、黑茶、黄茶、白茶、乌龙茶、花茶、紧压茶、花草养生茶九类，其中花茶、紧压茶合为一章，即全书分八章。每章对茶的性状、功效、挑选储藏、制作工序、茶疗养生、妙用保健、茶点茶膳、鉴茶、泡茶、品茶等用文字辅以图解的方式作了介绍，让您更清晰地了解茶文化。本书是一部集知识性、科学性、实用性、趣味性于一体的茶百科全书，是茶入门者的首选教科书、茶爱好者的锦囊宝典，也是家庭泡茶不可或缺的典藏书。

图书在版编目（CIP）数据

中国茶彩色全图鉴 / 王弘福编著. -- 北京 ： 中国
水利水电出版社，2018.1
ISBN 978-7-5170-6175-5

Ⅰ．①中… Ⅱ．①王… Ⅲ．①茶文化－中国－图集
Ⅳ．①TS971.21-64

中国版本图书馆CIP数据核字(2017)第326243号

策划编辑：杨庆川　　责任编辑：张玉玲　　加工编辑：孙 丹　　封面编辑：李 佳

书　　名	中国茶彩色全图鉴 ZHONGGOU CHA CAISE QUAN TUJIAN
作　　者	王弘福　编著
出版发行	中国水利水电出版社 （北京市海淀区玉渊潭南路 1 号 D 座　100038） 网址：www.waterpub.com.cn E-mail：mchannel@263.net（万水） 　　　　sales@waterpub.com.cn 电话：(010) 68367658（营销中心）、82562819（万水）
经　　售	全国各地新华书店和相关出版物销售网点
排　　版	北京万水电子信息有限公司
印　　刷	北京市雅迪彩色印刷有限公司
规　　格	170mm×240mm　16 开本　12.75 印张　295 千字
版　　次	2018 年 1 月第 1 版　　2018 年 1 月第 1 次印刷
印　　数	0001—5000 册
定　　价	58.00 元

认识茶，了解茶，爱上茶

茶，作为开门七件事（柴米油盐酱醋茶）之一，被冠以"国饮"的美誉。随着人们对茶功效的不断探索，对茶疗养生的日渐崇尚，饮茶这一古老而时尚的话题，被越来越多的人追逐论道。

中国是茶的故乡，历史悠久，种类繁多。对于刚开始接触茶的人来说，面对琳琅满目、形态各异的茶叶，挑选时不免眼花缭乱，无所适从。为了让更多的人认识和了解中国茶，也为了弘扬中国茶文化，我们精心策划了本书。

本书涵盖了中国茶的所有门类。在结构上，将茶分为绿茶、红茶、黑茶、黄茶、白茶、乌龙茶、花茶、紧压茶、花草养生茶九类，其中花茶、紧压茶合为一章，即全书分八章。每章对茶的性状、功效、挑选储藏、制作工序、茶疗养生、妙用保健、茶点茶膳、鉴茶、泡茶、品茶等用文字辅以图解的方式作了介绍，让您更清晰地了解茶文化。

绿茶是我国的主要茶类，如西湖龙井、洞庭碧螺春等，深受海内外人士喜爱。绿茶为不发酵茶，保留了鲜叶中较多的天然物质，富含茶多酚、维生素等，具有"清汤绿叶，滋味收敛性强"的特性。研究表明，绿茶对防衰老、杀菌消炎等有特殊的保健功效。

红茶的鼻祖在中国，著名红茶有祁门红茶、正山小种等，外销多个国家和地区。红茶经发酵烘制而成，茶多酚含量较少，对胃刺激性小，具有"红汤、红叶和香甜味醇"的特性。红茶具有提神消疲、养胃护胃等功效，常饮加糖或牛奶的红茶

可以保护胃黏膜，从而有助于胃健康。

黑茶是我国特有的茶类，也是紧压茶的主要原料。主要有湖南黑茶、湖北黑茶、老青茶等。黑茶为后发酵茶，富含维生素、矿物质、蛋白质等多种营养成分，可以补充膳食营养、帮助消化，是西北居民的常饮茶，有"宁可三日无食，不可一日无茶"之说。

黄茶是我国的特产，源自炒青绿茶，名茶有君山银针、蒙顶黄芽、霍山黄芽等。黄茶属沤茶，有"黄叶黄汤"的特质。黄茶在沤的过程中产生的消化酶有益于脾胃，对消化不良、食欲不振、肥胖等均有较好的辅助疗效。

白茶为福建特产，是我国茶类中的特殊珍品，有白毫银针、新工艺白茶、白牡丹等名茶。白茶属轻微发酵茶，成品茶多为芽头，满披白毫，如银似雪，具有防癌抗癌、防暑、解毒等保健功效。

乌龙茶起源于福建，有武夷岩茶、台湾乌龙茶等名贵茶。乌龙茶属半发酵茶，综合了绿茶和红茶的制法，有"绿叶红镶边"的特性。乌龙茶能够分解脂肪，具有美颜、瘦身的良好功效，在日本有"美容茶"的美誉。

花茶是使茶叶吸附鲜花的香气而制成的，拥有特殊的茶香兼花香，深受女性喜爱。医学证明，常饮花茶有助于祛斑、排毒养颜等，所以花茶成为爱美女性的茶饮"宠儿"。

紧压茶是以黑毛茶、老青茶等为原料加工制成的砖形或其他形状的茶叶。其防

潮性好，便于运输和储藏，适合减肥者饮用，在少数民族地区饮用较多。

花草养生茶是用玫瑰花等原生态植物合理搭配而成，具有排毒养颜、安神助眠等功效。营养学家认为，常坐办公室的白领女性，喝花草茶可以美容养颜、调整神经等。

总之，本书既侧重于内容的基础性、实用性、科学性、权威性，同时又贴心关注读者的需求性。在此基础上，全面阐述茶知识及茶文化，不失为一本茶之盛宴。

本书的四大特点：

1. 囊括了中国六大茶类及其主要所属茶，种类齐全，品种丰富，内容详尽。

2. 搜集了营养学家及医学研究推荐的近百种茶叶的相关养生茶疗方、健康茶膳等，内容详尽，图解清晰，可操作性强，让您一学就会，速查速用。

3. 在结构及版式设计上，严谨而不失时尚，独特的分步图解设计风格，让读者轻松阅读，品味茶韵，收获健康。

4. 精选了百余张精美茶图，与文字知识相得益彰，增强了本书的趣味性、可读性、新颖性、精美性。

本书是一部集知识性、科学性、实用性、趣味性于一体的茶百科全书，是茶入门者的首选教科书、茶爱好者的锦囊宝典，也是家庭泡茶不可或缺的典藏书。真诚希望本书成为您识茶、鉴茶、品茶、论茶的良师益友，为您的优质生活增添智慧与品位。

目录

前言

第一章　茶的基础知识

　　绿茶，又称不发酵茶。采摘茶树新叶，经杀青、揉捻、干燥等典型工艺制作而成。茶汤保留了鲜茶叶的绿色，有"清汤绿叶，滋味收敛性强"的特点。绿茶种植遍布我国四大茶区，有西湖龙井、洞庭碧螺春、六安瓜片等名贵品种。随着茶疗养生的日渐盛行，绿茶的保健功效得到了淋漓尽致的展现，常饮绿茶不仅可以防癌、降血脂、防电脑辐射，还可以减轻尼古丁对吸烟者的伤害。本章清晰详尽地介绍了35种绿茶，配以精美图片，茶香茶效尽在其中。

四大茶区区域分布

「六安瓜片」

「信阳毛尖」

气候：北亚热带和暖温带季风气候。

土壤：黄棕壤和棕壤。

无霜期：200~250天。

茶种类：绿茶、黄茶。

年平均气温：13℃~16℃。

年平均降水量：700~1000mm。

气候：热带季风气候。

土壤：滇中北多为赤红壤、山地红壤和棕壤；
川、黔及藏东南为黄壤。

无霜期：220~340天。

茶种类：绿茶、黑茶、花茶。

年平均气温：四川盆地17℃，云贵高原14℃~15℃，
西藏察隅11.6℃。

年平均降水量：1000mm以上。

「普洱散茶」

「滇红」

「西湖龙井」

「洞庭碧螺春」

气候：亚热带、南亚热带季风气候。

土壤：基本为红壤，少部分为黄壤。

无霜期：230~280天。

茶种类：绿茶、红茶、白茶、黑茶、乌龙茶、花茶六大茶类都有。

年平均气温：15℃~18℃。

年平均降水量：1100~1600mm。

气候：热带、南亚热带季风气候。

土壤：大部分为赤红壤，少部分为黄壤。

无霜期：300~365天。

茶种类：红茶、乌龙茶、黄茶、黑茶。

年平均气温：18℃~24℃。

年平均降水量：1200~2000mm。

「铁观音」

「六堡茶」

绿茶

基状 颜色是翠绿色，泡出来的茶汤呈绿黄色，因此称为"绿茶"。

茶性 绿茶性较寒凉；富含叶绿素、维生素C等；咖啡碱、茶碱含量较多，容易刺激神经。

功效 有助于防龋齿、降血脂、抗菌、抗衰老等。

红茶

基状 颜色是深红色，泡出来的茶汤呈朱红色，因此称为"红茶"。

茶性 红茶性温；富含胡萝卜素、维生素A等；咖啡碱、茶碱含量较少，刺激神经效能较低。

功效 有助于利尿、消炎杀菌、温胃祛寒、消食开胃等。

白茶

基状 颜色是白色，泡出来的茶汤呈象牙色，因此称为"白茶"。

茶性 白茶性寒凉；富含维生素A原、二氢杨梅素等；饮白茶一般每人每天不多于5克，饮多可能引起"茶醉"。

功效 有助于抗辐射、防癌抗癌、解毒、治牙痛等。

黑茶

基状 颜色是黑色或黑褐色，泡出来的茶汤呈暗褐或红黄稍褐，因此称为"黑茶"。

茶性 黑茶性温和；富含维生素和矿物质等；咖啡碱含量适中，能提高胃液分泌量，从而增进食欲，助消化。

功效 有助于抑脂消脂、消炎、抗辐射、防癌抗癌等。

黄茶

基状 颜色是浅黄或黄褐，泡出来的茶汤呈橘黄色，因此称为"黄茶"。

茶性 黄茶性凉；富含维生素、茶多酚、可溶糖等；茶多酚、可溶糖等对防治食道癌有明显的功效。

功效 有助于防癌抗癌、杀菌、消炎等。

乌龙茶

基状 颜色是深绿色或青褐色，泡出来的茶汤呈蜜绿色或蜜黄色，因此又称为"青茶"。

茶性 乌龙茶性温凉；富含叶绿素、维生素C等；茶碱、咖啡因含量少，以乌龙茶入菜应用较广。

功效 有助于减肥、抗肿瘤、预防老化等。

西湖龙井

「绿茶皇后」

West Lake Longing

干茶性状：外形扁平光滑，苗锋尖削，芽长于叶，色泽嫩绿，体表无茸毛。

主产区：中国浙江

Data

分类：绿茶

口味：鲜爽甘醇。

功效：抗菌、利尿、减肥、防癌。

储藏：保持干燥、密封、避免阳光直射、杜绝挤压是储藏西湖龙井的最基本要求。

汤色：嫩绿（黄）明亮。

性状：叶底芽叶匀整，嫩绿明亮。

江南 茶区

洞庭碧螺春

「茶中仙子」

Dongting Biluochun

干茶性状：条索纤细，卷曲呈螺状，满披茸毛，色泽碧绿。

主产区：中国江苏

汤色：碧绿清澈。

性状：叶底嫩绿、柔匀。

江南 茶区

Data

分类：绿茶

口味：清香鲜爽，回味甘厚。

功效：清热降火、抗菌消炎、瘦身养颜。

储藏：保持干燥、密封，宜在10℃以下的环境冷藏。

干茶性状：外形细嫩扁曲，多毫有峰，色泽油润光滑。

黄山毛峰

「茶中精品」

Mao Mount Huangshan Peak

Data

分类： 绿茶

口味： 鲜浓醇厚，回味甘甜。

功效： 护齿、强心解痉、利尿。

储藏： 保持干燥、密封、避光、低温储藏。

主产区： 中国安徽

汤色： 清澈明亮。

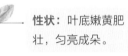

性状： 叶底嫩黄肥壮，匀亮成朵。

江南 茶区

庐山云雾

「茶中上品」

Mount Lu Cloud

干茶性状：外形条索粗壮，饱满秀丽；茶芽隐露，青翠多毫。

主产区： 中国江西

江南 茶区

汤色： 清澈明亮。

性状： 叶嫩匀整。

Data

分类： 绿茶

口味： 香高持久，醇厚味甘。

功效： 怡神解泻、助消化、杀菌解毒、防止肠胃感染、增加抗坏血病等功能。

储藏： 保持干燥、密封、避光、低温储藏。

君山银针

「黄茶之冠」

Junshan Silver Needle Tea

干茶性状：茁壮坚实，白毫显露。

主产区：中国湖南

Data

分类： 黄茶

口味： 甘醇，香气高爽。

功效： 防癌、杀菌、消炎。

储藏： 保持干燥、密封、避光、低温。

汤色：橙黄明净。

性状：叶底嫩黄，匀亮。

江南 茶区

六安瓜片

「神茶」

Luan Guapian

干茶性状：外形平展，茶芽肥壮，叶缘微翘，色泽翠绿。

主产区：中国安徽

江南 茶区

汤色：清澈明亮。

性状：叶底嫩绿、明亮、柔匀。

分类： 绿茶

口味： 鲜醇，回味甘美。

功效： 抗癌、抑菌、通便。

储藏： 保持干燥、密封、低温。

Data

干茶性状：细秀匀直，白毫明显。

「绿茶之王」

信阳毛尖

Xinyang Maojian Tea

主产区：中国河南

江北 茶区

Data

分类： 绿茶

口味： 鲜爽醇香、回甘。

功效： 抗菌消炎、止血、止痛、去腻消食。

储藏： 保持干燥、密封、低温。

汤色：嫩绿鲜亮。

性状：叶底嫩绿明亮，细嫩匀齐。

武夷岩茶

Wuyi Rock Tea

「茶之状元」

干茶性状：外形条索紧结，色泽绿褐鲜润，叶片红绿相间或镶有红边。

主产区：中国福建

华南 茶区

Data

分类： 乌龙茶

口味： 味道纯细甘鲜。

功效： 护胃、养目、减肥。

储藏： 保持干燥、密封、避光、低温冷藏，杜绝外力挤压。

汤色：橙黄明亮。

性状：叶底软亮，叶缘朱红，叶心淡绿带黄。

干茶性状：条索卷曲，肥壮圆结，沉重匀整。

「七泡余香」

安溪铁观音

Anxi Tieguanyin Tea

主产区：中国福建

Data

分类：乌龙茶

口味：滋味醇厚甘鲜，回味悠长。

功效：杀菌、固齿、提神。

储藏：保持干燥、密封、低温。

汤色：金黄似琥珀。

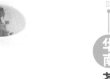

性状：叶底肥厚柔润。

华南 茶区

「群芳最」

祁门红茶

Keemun Black Tea

干茶性状：条索紧细匀整，锋苗秀丽。

主产区：中国安徽

汤色：红艳明亮。

性状：色泽乌润。

江南 茶区

Data

分类：红茶

口味：滋味甘鲜醇厚。

功效：利尿、解毒、抗菌。

储藏：保持干燥、密封、低温。

现代制茶工艺

Xian dai zhi cha gong yi

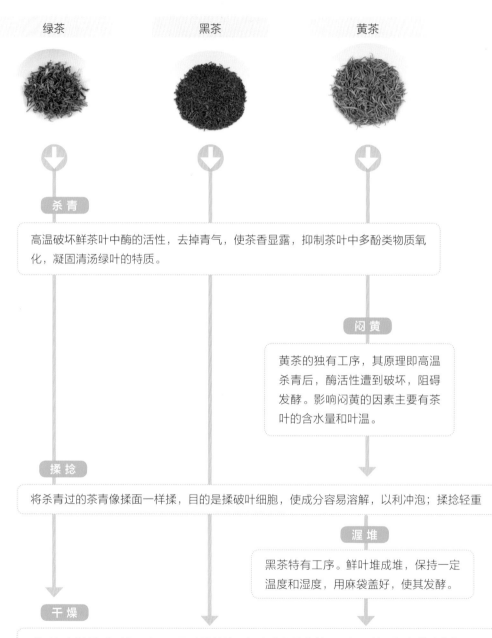

绿茶　　　　　　黑茶　　　　　　黄茶

杀青

高温破坏鲜茶叶中酶的活性，去掉青气，使茶香显露，抑制茶叶中多酚类物质氧化，凝固清汤绿叶的特质。

闷黄

黄茶的独有工序，其原理即高温杀青后，酶活性遭到破坏，阻碍发酵。影响闷黄的因素主要有茶叶的含水量和叶温。

揉捻

将杀青过的茶青像揉面一样揉，目的是揉破叶细胞，使成分容易溶解，以利冲泡；揉捻轻重

渥堆

黑茶特有工序。鲜叶堆成堆，保持一定温度和湿度，用麻袋盖好，使其发酵。

干燥

茶叶初制的最后一道工序，不同种类茶的干燥方式有些许差异，但目的是挥发茶叶中的是保证茶叶最后品质的重要因素。

根据制造方法的不同和品质上的差异，茶叶可以分为绿茶、黑茶、黄茶、红茶、乌龙茶（青茶）和白茶，下面是六大茶类在制作工艺上的差异。

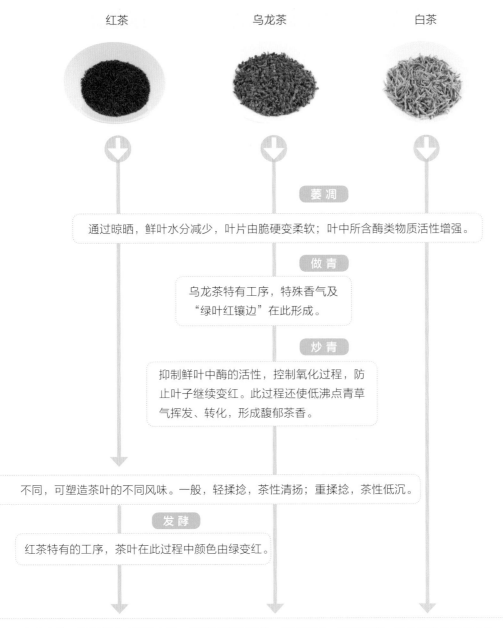

红茶   乌龙茶   白茶

萎凋

通过晾晒，鲜叶水分减少，叶片由脆硬变柔软；叶中所含酶类物质活性增强。

做青

乌龙茶特有工序，特殊香气及"绿叶红镶边"在此形成。

炒青

抑制鲜叶中酶的活性，控制氧化过程，防止叶子继续变红。此过程还使低沸点青草气挥发、转化，形成馥郁茶香。

不同，可塑造茶叶的不同风味。一般，轻揉捻，茶性清扬；重揉捻，茶性低沉。

发酵

红茶特有的工序，茶叶在此过程中颜色由绿变红。

多余水分，抑制茶叶中酶的氧化，固定干茶的形状，提高茶香。干燥温度、投叶量以及操作方法，

茶具
Tea sets

盖碗

茶盖、茶碗、碗托一般不分开使用，这样既礼貌又美观；饮茶时，可以先揭开碗盖，闻其盖香，再闻茶香，然后用碗盖拨开漂浮的茶叶，再饮用。

用途

一般用来饮花茶和绿茶。可以泡茶后分饮，也可以一人一套，直接冲泡茶叶。

材质

一般为瓷、玻璃等。

茶壶

新买茶壶在使用前先放些茶叶用沸水多泡几次，将里外刷洗干净，壶内残留的砂粒彻底清除，用泡过的茶叶擦洗效果更好。需注意，在泡茶过程中，茶壶的嘴不要直接对着客人。

用途

冲泡茶叶。

材质

常用紫砂壶、瓷壶、玻璃壶等，根据冲泡茶叶的不同，选择不同的茶壶，壶的大小可根据人数多少而定。

茶杯

拿茶杯的方法是拇指和食指捏住杯身，中指托杯底，无名指和小指收好，持杯品饮；品乌龙茶时茶杯和闻香杯搭配使用；可用牙膏或打碎的鸡蛋壳清洗茶杯上的茶渍。

用途

饮茶器皿，一般乌龙茶用小杯，绿茶用大杯。

材质

有瓷、玻璃等，款式有斗笠形、半圆形、碗形，还有双层和单层之分。

茶盘

茶盘是用来盛茶杯等茶具的，不管什么材质和式样，都要宽、平、浅、白，以烘托茶杯、茶壶，使之更雅观；双层茶盘容积有限，使用时要及时清理，以免废水溢出。

用途

放置茶具，盛放洗茶的废水等。

材质

有竹、木、瓷器、紫砂等，一般有单层茶盘和双层茶盘两种。

饮茶离不开茶具，因而茶具也成了茶文化不可分割的重要组成部分。茶具是指泡饮茶的专门器具，主要包括盖碗、茶壶、茶杯、茶盘、闻香杯、公道杯等。

闻香杯

Tips

将茶汁倒入闻香杯，茶杯倒扣其上；托起闻香杯（连同茶杯），慢慢倒转，使其倒扣在茶杯上（茶汁转到杯内）；拿起闻香杯，边闻边搓手，使之温度慢降，有助于茶香散发。

用途

闻茶香。

材质

一般为瓷和紫砂。如单闻香气，用瓷的，紫砂会吸附香气；但从冲饮茶内质来说，紫砂较好。

公道杯

Tips

一般为了避免茶叶长时间浸泡在水里，使茶汤太苦太浓，而将茶水倒在公道杯中；通常情况下公道杯在容积上稍大于茶壶和盖碗。

用途

一般把泡好的茶汤先倒入公道杯，由公道杯分入各品茗杯，以使茶汤浓淡均匀。

材质

常用的有瓷、紫砂、玻璃材质。

茶荷

Tips

取放茶叶时，手不能与茶荷的缺口部直接接触；拿茶荷时，拇指和其余四指分别捏住茶荷两侧，将茶荷置于虎口处，另一只手托住底部，请客人赏茶。

用途

暂时盛放从茶叶罐中取出的茶叶；茶艺表演中用来鉴赏干茶。

材质

有瓷质、木质等，多为瓷质。

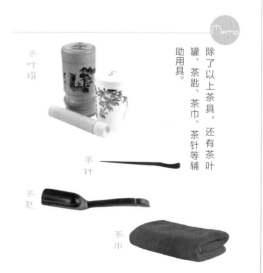

Memo

除了以上茶具，还有茶叶罐、茶匙、茶巾、茶针等辅助用具。

茶叶罐

茶针

茶匙

茶巾

冲泡品饮

Chongpao pinyin

Step

绿茶的冲泡与品饮

一 准备茶具	洗干净的透明玻璃杯或瓷杯、绿茶、茶匙等。
二 投茶	一般龙井、碧螺春适合上投法；黄山毛峰、庐山云雾适合中投法；六安瓜片、太平猴魁适合下投法。
三 泡茶	一般用80℃~90℃的水冲泡茶叶。
四 品茶	细酌慢饮，让茶汤在口中和舌头充分接触；鼻舌并用，品茶香。

图解步骤

Memo

茶汤颜色逐渐变化，茶烟飘散，茶芽在杯中渐渐舒展、上下起伏，称之为"茶舞"。

Memo

糖、牛奶、柠檬片、蜂蜜等调品可依个人口味调配。

红茶的冲泡与品饮

Step

茶壶、瓷杯或透明玻璃杯、红茶、茶匙等。	**一** 准备茶具
两种方法：如果用杯子，放入3g左右的红茶；如果用茶壶，按照茶和水1：50的比例冲泡。	**二** 投茶
沸水冲泡至八分满，3分钟即可。	**三** 泡茶
慢慢品饮，用心品味；一般冲泡2~3次，需重新投茶叶；如果是红碎茶则只适合冲泡一次。	**四** 品茶

不同种类的茶，在冲泡方法上有着一定的差异，但大致可分为准备茶具、投茶、泡茶和品茶四个步骤。下面是绿茶、红茶、白茶和黄茶的冲泡方法。

Step 白茶的冲泡与品饮

一 准备茶具 → 直筒形的透明玻璃杯、白茶、茶匙等。

二 投茶 → 先用温水将茶杯预热，再按照茶和水1：30的比例，用茶匙将白茶投入直筒形透明玻璃杯即可。

三 泡茶 → 一般用高冲法注入70℃开水。

四 品茶 → 白茶茶汁难浸出，待茶冲泡大约3分钟后再饮用；要慢慢、细细品味才能体味其中的茶香。

图解步骤

Memo

直筒形的透明玻璃杯可以使人清晰地看到冲泡时白茶的性状。

Memo

清洗干净后要将杯中的水珠擦干，避免茶叶因吸水而降低竖立率；泡茶时，茶叶在经过数次浮动后，最后个个竖立，称为"三起三落"，这是黄茶独有的特色。

黄茶的冲泡与品饮 Step

一 准备茶具 ← 用瓷杯和玻璃杯都可以，玻璃杯最好，黄茶、茶匙等。

二 投茶 ← 将约3g左右黄茶投入杯中。

三 泡茶 ← 先快后慢注入约70℃开水，约至杯身1/2处；待茶叶浸透，再注入八分水，浸泡约5分钟即可。

四 品茶 ← 黄茶"黄叶黄汤"，要慢慢品饮，以体味茶香。

冲泡品饮

Chongpao pinyin

 Step 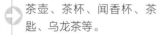 乌龙茶的冲泡与品饮

一
准备茶具 ➡ 茶壶、茶杯、闻香杯、茶匙、乌龙茶等。

二
投茶 ➡ 按茶和水1:30的比例，投入茶壶。

三
泡茶 ➡ 冲水时要用高冲，壶满即可；用壶盖将泡沫刮去，盖上盖子；用开水浇茶壶。

四
品茶 ➡ 小口慢饮，体会茶之香、清、甘、活。"一杯苦，二杯甜，三杯味无穷"是乌龙茶独有的味道。

Memo 泡茶前，用沸水冲刷壶盖，既可提高壶的温度，又可起到清洗茶壶的作用。

图解步骤

Memo 花茶将茶香与花香巧妙地结合在一起，无论是视觉还是嗅觉都给人以美的享受。

花茶的冲泡与品饮 **Step**

一
带盖的瓷杯、盖碗或透明的玻璃杯、花茶、茶匙等。 ⬅ **准备茶具**

二
如用茶杯，冲泡约3g左右的花茶。 ⬅ **投茶**

三
高档花茶，最好用玻璃杯子，85℃左右的水冲泡；中低档花茶，适宜用瓷杯，100℃的沸水冲泡。泡3分钟即可。 ⬅ **泡茶**

四
饮用前，将盖子揭开，先闻香；品饮时茶汤在口中停留片刻，以充分品尝，感受茶香。 ⬅ **品茶**

不同种类的茶，在冲泡方法上有着一定的差异，但大致可分为准备茶具、投茶、泡茶和品茶四个步骤，下面是乌龙茶、花茶、普洱茶和袋茶的冲泡方法。

Step 普洱茶的冲泡与品饮

准备茶具
一
→ 腹大的陶壶或紫砂壶、公道杯、闻香杯、普洱茶、茶匙等。

投茶
二
→ 用茶匙将约占壶身1/5的茶叶投入茶壶。

泡茶
三
→ 先温茶，即第一次冲下的沸水立即倒出，温茶可进行1~2次，速度要快，以免影响茶汤的滋味。

品茶
四
→ 普洱茶是味道带动香气的茶，香气藏在味道里；二泡和三泡的茶汤可混着喝，综合茶性，以免过浓。

Memo

泡普洱砖茶时，如撬开置放约2周后再冲泡，味道更美。

图解步骤

Memo

袋茶的泡法简单易行，一般一包袋茶适合冲泡一次，第二次茶味就会变得很淡，茶香也没有了。

袋茶的冲泡与品饮 Step

准备茶具
一
← 一般的瓷杯或盖碗、袋茶。

投茶
二
← 取一袋茶，用手提着线，将茶袋顺着杯子一边缓缓滑入杯中。

泡茶
三
← 开水预热茶杯，加七八分开水，盖上盖子闷大约3分钟。

品茶
四
← 3分钟后，手提茶袋在茶汤中晃荡几下，使茶浓淡均匀；不要用茶匙舀出茶袋，以免影响茶的味道。

四季茶方

Siji chafang

材料：

绿茶三克，茉莉花三克，干荷叶半张，冰糖适量。

做法：

① 将干荷叶切成碎片。

② 将绿茶、茉莉花和干荷叶碎片放入锅中煎煮五分钟。

③ 饮用时可根据个人口味加入冰糖。

● 用法：代茶服饮。

● 用法：消除多余的热气，改善春季头痛、胸闷等症状。

Jasmine Tea 茉莉荷叶茶

Chrysanthemum Medlar Tea 菊花枸杞茶

材料：

杭白菊三克，枸杞子、蜂蜜各适量。

做法：

① 将茶壶温热，放入杭白菊、枸杞子。

② 加入热开水，冲泡八分钟左右。

③ 饮用时，可根据个人口味加入适量蜂蜜。

○ 用法：代茶服饮。

○ 用法：有助于疏风清热、解毒明目，菊花还可以降低血压。

随着人们对养生、保健的重视，茶疗养生日渐成为一种时尚。在饮茶时应该根据茶的性质科学饮茶，才能起到事半功倍的效果。一般我们遵循春饮花茶、夏饮绿茶、秋饮青茶、冬饮红茶的规律。

夏

Oolong Green Tea ❀ **薄荷绿茶**

材料： 干薄荷叶五克，绿茶三克。

做法：

① 将干薄荷叶切碎。

② 绿茶和切碎的薄荷叶放入杯中。

③ 沸水冲入后，静置五分钟即可饮用。

● 用法：代茶服饮。

● 功效：可解暑，清热解毒、降血脂、降血压、减肥等。

夏

Honeysuckle Chrysanthemum Tea ❁ **金银花菊花茶**

材料： 金银花五克，菊花六克，冰糖适量。

做法：

① 将菊花和金银花放入洗干净的锅中。

② 加入水后，用文火煎煮约五分钟。

③ 根据个人口味加入冰糖即可饮用。

○ 用法：代茶服饮。

○ 用法：祛除体内热气，清新脾脏；夏天中暑者饮用效果极佳。

四季茶方
Siji chafang

材料：

乌龙茶三克，银耳四克，湿淀粉少许，冰糖适量。

做法：

（1）将银耳用温水泡发，置锅中加热水煮熟并捣碎。

（2）加入乌龙茶泡出的茶汁和少量湿淀粉煮沸。

（3）根据个人口味加入适量冰糖。

●**用法：** 随意饮用。

●**功效：** 滋阴润肺，适用于秋季养生保健。

Tremella Oolong Tea 🌼 **银耳乌龙茶**

Cassia Seed Chrysanthemum Tea 🌼 **决明子菊花茶**

材料：

决明子六克，菊花六克，乌龙茶五克。

做法：

（1）将决明子、菊花、乌龙茶一起放入杯中。

（2）倒入沸水，盖上盖约八分钟即可饮用。

○**用法：** 代茶服饮。

○**功效：** 降低血脂，改善习惯性便秘，还有一定的降血压功效。

材料：

红茶四克，生姜三克，甘草三克。

做法：

①将生姜洗净切丝，放炒锅炒干。

②将炒好的姜丝、红茶、甘草一起放入杯中。

③倒入沸水浸泡十分钟即可饮用。

●用法：代茶饮用。

●功效：改善胃寒，可以起到暖胃的作用。

Ginger Silk Black Tea 姜丝红茶

冬

Walnut Hawthorn Tea 核桃山楂茶

冬

材料：

红茶四克，核桃仁九十克，山楂三十克，冰糖三十克。

做法：

①将核桃、山楂、红茶放入锅中。

②加水，用文火煎煮五分钟左右。

③根据个人口味放入适量冰糖即可饮用。

○用法：代茶饮用，并食核桃仁。

○功效：补肾强心、生津止咳，并可预防心血管病、咳嗽、便秘等。

健康健身茶

Jiankang jianshen cha

强身健体养生茶

杜仲护心绿茶

◀ 成分之杜仲：

中国名贵滋补药材，性味平和，含有木脂素及甙类物质，具有补肝肾、强筋骨、降血压、安胎等诸多功效。

◀ 做法：

将杜仲叶洗净后和绿茶同置于茶杯内，以开水冲泡，加盖5分钟后即可饮用。

➤ p29

梅子绿茶

◀ 成分之青梅：

性味甘平，果大，皮薄，肉厚，核小，汁多，酸度高，富含人体所需的多种氨基酸，具有酸中带甜的香味。

◀ 做法：

将冰糖加入水中煮化，再加入绿茶浸泡5分钟；滤出茶汁，加入青梅及少许青梅汁搅拌均匀即可饮用。

➤ p35

冰镇菠萝柠檬茶

◀ 成分之菠萝：

含有大量的果糖、葡萄糖、维生素A、B族维生素、磷、柠檬酸和蛋白酶等；味甘性温，具有解暑止渴、消食止泻之功效；柠檬富含维生素C。

◀ 做法：

用沸水冲泡九曲红梅，加入白糖；茶水凉后倒入菠萝汁、柠檬片，加冰即可饮用。

➤ p101

宁红果汁茶

◀ 成分之广柑：

也称甜橙，性温，味辛、微苦；含有蛋白质、粗纤维、胡萝卜素等，有助于开胃消食、生津止渴、理气化痰。

◀ 做法：

将菠萝广柑浓缩汁、柠檬汁、百香果粒、苹果片、冰糖等与宁红放入锅中文火加热，煮沸倒入茶杯即可。

➤ p105

《本草拾遗》记载："诸药为各病之药，茶为万病之药。"茶叶中各种有益成分已越来越多地被人们熟知，所以生活中有些头痛发热的小病，对症喝茶就可以缓解。

益胃健脾养生茶

木瓜养胃茶

◀ 成分之木瓜：

性平、微寒，味甘。含有木瓜蛋白酶、B族维生素、维生素C、蛋白质、胡萝卜素等，特有的木瓜酵素能清心润肺，还可以帮助消化、治胃病，有"百益果王"之称。

◀ 做法：

将木瓜干放在锅里，加水煎煮，然后用木瓜干水冲泡绿茶，每日饭后饮用即可。

➤ p61

蜂蜜润肠茶

◀ 成分之蜂蜜：

主要成分为糖类，其中60%~80%是人体容易吸收的葡萄糖和果糖，主要作为营养滋补品及药用。

◀ 做法：

将普陀佛茶用沸水冲泡，待冷却至温水后，加入少许蜂蜜，每日在饭后饮用即可。

➤ p69

莲子益肾茶

◀ 成分之莲子：

味甘、微涩，含有蛋白质、脂肪、钙、铁、磷等，可以清心醒脾、养心安神、补中养神、健脾补胃、滋补元气。

◀ 做法：

把莲子放入锅内煮烂，兑入涌溪火青茶汁，加入红糖搅拌均匀即可饮用。

➤ p75

玫瑰乌梅茶

◀ 成分之玫瑰花：

具有理气、活血、调经的功效，对肝胃气痛、月经不调、赤白带下、跌打损伤等症有一定的疗效。

◀ 做法：

先将玫瑰花冲洗干净，往锅中倒250ml水，把乌梅放入锅里煮3分钟至水沸腾，然后把乌梅汁冲入泡正山小种的瓷杯中，撒上玫瑰花浸泡后即可饮用。

➤ p97

美味茶膳
Meiwei chashan

绿茶系

茶味熏鸡

材料：
鸡一只、锅巴、绿茶、姜、盐、葱、红糖、酱油、黄酒、花椒各适量。

做法：
①将葱、椒和盐研末，葱切段。
②拌匀研末撒在鸡上拌匀，腌半小时。
③将葱、姜入鸡肚，抹酱油、黄酒，蒸至八成熟。
④锅巴、绿茶、红糖放入炒锅，鸡放在篦子上熏，约十五分钟。

红茶系

川红烧麦

材料：
猪肉二百五十克、香菇、青椒、川红茶末、酱油、鸡精、面粉、糯米各适量。

做法：
①肉切碎，香菇、青椒剁碎。
②糯米泡一小时后，上笼蒸熟；面粉和团。
③锅中放油，肉末炒至变色，加香菇和青椒翻炒；放盐、茶末、酱油和鸡精，加香菇水煮沸；蒸好的糯米倒入翻炒，至汤汁略干出锅。
④整理揉好的面团，擀成圆片，包入炒好的馅；包好的烧麦放入锅中蒸十分钟。

黑茶系

普洱煨牛腩

材料：
牛腩三百克，胡萝卜、白萝卜、普洱茶、青菜、牛肉汁、淀粉、洋葱、色拉油等调料各适量。

做法：
①洋葱切块；萝卜切球状各两粒；普洱茶开水泡十分钟，滤出茶汤备用。
②牛腩洗净，加茶汤等调料，煮一小时，取出切万块。
③取锅，放色拉油略炒，加牛肉汁、茶汤及牛腩，中火煮至汤汁收干，加入淀粉勾芡排盘。
④萝卜球用牛肉汁煮入味，青菜烫熟，排在盘边。

黄茶系

低糖老婆饼

材料：

肥肉粒200g，面粉250g，猪油、果脯、椰蓉、芝麻、枸杞、糖、鸡蛋液、君山银针茶末各适量。

做法：

① 肥肉粒、糖、芝麻、茶末、椰蓉、枸杞、果脯、猪油各适量，一起拌成馅。

② 用猪油把面粉炸成干油酥；用猪油加水，将另外面粉揉成油面团。

③ 干油酥包入面团，擀成薄片；卷起，揪成面剂包入馅，收严擀圆，刷鸡蛋液，用牙签扎小孔。

④ 饼放入烤盘，慢火烤至饼鼓起，表面金黄。

白茶系

一口酥

材料：

鸡蛋5个，黄油、猪油、糖各1kg，低筋面粉1.5kg，白茶末适量。

做法：

① 将黄油、猪油一起快速搅拌2分钟，打软。

② 加入糖、茶末搅匀；边搅边加入鸡蛋。

③ 倒进低筋面粉拌匀，逐个装入塔壳内，再放进烤盘。

④ 烤箱调至200℃，预热10分钟，烤15分钟即成。

乌龙茶系

双耳肉片汤

材料：

瘦猪肉250g，干木耳、韭黄、淀粉、盐、鸡精、大红袍茶末各适量。

做法：

① 干木耳泡开；瘦猪肉切片，加盐、淀粉和水拌匀；韭黄切段。

② 烧开水，放木耳、肉片煮熟；加入韭黄、大红袍茶末和鸡精即可。

花茶系

金银花蒲公英粥

材料：

金银花5g，蒲公英3g，大米30g，水适量。

做法：

① 将金银花和蒲公英用清水稍微清洗一下。

② 往锅中加水，煎煮金银花和蒲公英，取其浓汁备用。

③ 清洗干净的锅，加入取出的浓汁、大米，煮成黏稠的粥即可。

第二章　绿茶

　　绿茶，又称不发酵茶。采摘茶树新叶，经杀青、揉捻、干燥等典型工艺制作而成。茶汤保留了鲜茶叶的绿色，有"清汤绿叶，滋味收敛性强"的特点。绿茶种植遍布我国四大茶区，有西湖龙井、洞庭碧螺春、六安瓜片等名贵品种。随着茶疗养生的日渐盛行，绿茶的保健功效得到了淋漓尽致的展现，常饮绿茶不仅可以防癌、降血脂、防电脑辐射，还可以减轻尼古丁对吸烟者的伤害。本章清晰详尽地介绍了34种绿茶，配以精美图片，茶香茶效尽在其中。

蒸青绿茶

减肥消炎　排毒防癌

　　我国古代最早发明的一种茶类，是利用蒸汽破坏鲜叶中的酶活性而获得的成品绿茶。随着制茶工艺的发展，现在采用选青、蒸青、粗揉、揉捻、中揉、精揉、干燥等传统与现代相结合的制作工艺，保留了茶叶中较多的叶绿素、蛋白质、氨基酸、芳香物质等内含物，有"三绿一爽"之美称，即色泽翠绿，汤色嫩绿，叶底青绿；茶汤滋味鲜爽甘醇，带有板栗香。恩施玉露、仙人掌茶、阳羡茶、水云玉露是仅存不多的蒸青绿茶品种。蒸青绿茶用冰水冲泡效果最佳。

性状 叶底青绿。

汤色 色泽浅绿。

口味
鲜爽甘醇，带有板栗香。

适宜人群
一般人群都可饮用，特殊禁忌者除外。

主要功效
减肥消炎，降血脂，防辐射。

性状特点
紧直挺秀，色泽深绿。

饮茶提示
　　冷茶对身体有滞寒的作用，支气管炎患者饮用后会产生聚痰等不良反应，所以忌喝冷茶。

挑选储藏

　　优质蒸青绿茶外形均匀，纤细挺直如针，色泽翠绿。如条件允许还可经过冲泡挑选，其汤色嫩绿，叶底青绿；茶汤滋味鲜爽甘醇。蒸青绿茶储存时要密封、低温、干燥，或存放于-5℃冰箱中。

品种辨识

恩施玉露
　　外形条索紧圆光滑，色泽苍翠绿润，汤色嫩绿明亮。

阳羡茶
　　条形紧直，色翠，汤色清澈，叶底匀整，滋味香醇，回味甘甜。

仙人掌茶
　　又名玉泉仙人掌，外形扁平似掌，色泽翠绿，汤色绿亮。

水云玉露
　　外形均匀、秀美，纤细挺直如针，香气清悠，沁人心脾。

茶之传说

　　仙人掌茶的创制人中孚禅师（俗姓李，是诗人李白的族侄）。相传每到春茶竞相迸发之际，他就在玉泉溪畔的乳窟洞边采摘茶树嫩叶，运用制茶技术制出扁形如掌、清香滑熟、饮之清芬、舌有余甘的名茶。公元760年，中孚禅师云游江南，在金陵（今南京市）恰遇李白，将此茶作见面礼赠予李白。李白品茗后，大为赞赏并根据茶叶性状将其命名"仙人掌茶"。

品茶伴侣

蒸青山楂茶

材料： 蒸青绿茶3g，山楂叶10g。

做法： 山楂叶烘干研成细末，装入棉织袋封口，后与绿茶冲泡。

功效作用： 可以清热解毒，祛脂降压。

生活妙用

减肥： 蒸青绿茶中含有酚类衍生物，特别是茶多酚、茶素和维生素C的综合作用，可以促进脂肪氧化，帮助人体消化，从而达到减肥的目的。

降血脂： 蒸青绿茶中的儿茶素可以降低胆固醇的吸收，具有很好的降血脂及抑制脂肪肝的功能。

防辐射： 蒸青绿茶中的脂多糖抗辐射效果好，对于经常受电脑辐射的人来说，经常饮用热茶能起到很好的防辐射作用。

 品饮赏鉴

1　茶具准备
　　玻璃杯或瓷杯1只，2~3g蒸青绿茶，茶匙等。

2　投茶
　　用中投法将2~3g蒸青绿茶投入准备好的玻璃杯中。

3　冲泡
　　先向杯中注少量水，浸润茶芽，用80℃~90℃水冲泡。

4　分茶
　　将泡好的茶汤倒入茶杯，七分满即可。

5　赏茶
　　芽叶在茶水中几沉几浮，犹如刀枪林立，静下来时亭亭玉立，翠绿可人。

6　品茶
　　一看茶之汤色和叶状；二闻茶香；三品至清、至醇之茶韵。

 茶点茶膳

蒸青绿茶粥

材料： 绿茶5g，粳米100g，调味品适量。

制作：

1. 将粳米用清水冲洗干净，备用。

2. 将茶叶用沸水分3次冲泡，取其茶汁500ml（茶汁不宜过浓）。

3. 将茶汁和粳米倒入锅中，用文火熬成粥，食用时可添加适量调味品。

口味： 清淡香甜，易吸收。

炒青绿茶

主产区：中国安徽　品鉴指数：★★★★★

减肥抗癌 降脂抗菌

因干燥方式采用炒干而得名炒青绿茶。由于在干燥过程中受到机械或手工操力的作用不同，成茶有长条形、圆珠形、扇平形、针形、螺形等不同的形状，按外形分为长炒青、圆炒青和扁炒青三类。长炒青形似眉毛，又称眉茶；圆炒青形如颗粒，又称珠茶；扁炒青又称扁形茶。炒青绿茶条索紧结光润，汤色、叶底碧绿，滋味浓厚而富有收敛性，耐冲泡。其主要品种有西湖龙井、碧螺春、六安瓜片、老竹大方等。

性状
叶底黄亮。

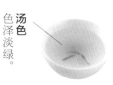

汤色
色泽淡绿。

口味
滋味浓厚，富有收敛性。

适宜人群
一般人群都可饮用，特殊禁忌者除外。

主要功效
抗癌防癌，美容瘦身，杀菌消炎。

性状特点
条索紧结，色泽绿润。

饮茶提示
时常用隔夜茶洗头发，有生发和去头屑的功效。如果眉毛稀少，可以每天用刷子蘸隔夜茶刷眉，长期坚持，会使眉毛浓密光亮。此外，隔夜茶还有使睫毛变长的作用。

挑选储藏

优质炒青绿茶油光宝色，香气清新，味道甘滑醇香。将茶叶入罐放在冰箱的冷藏室中，温度调至5℃左右，可以保持茶叶的新鲜度在一年以上。

品种辨识

长炒青

条索紧结，形似眉毛，色泽绿润，滋味浓厚，汤色、叶底黄亮。

圆炒青

又称珠茶，成茶外形颗粒圆紧如珠，香高味浓，耐泡。

扁炒青

成茶外形扁平光滑，色绿，芽叶均匀成朵，香郁、味甘。

评茶论道

茶道讲色、香、味、器、礼，水则是色、香、味的体现者。自从茗饮进入人们生活或文学艺术领域后，人们对烹茶所用水质高低、清浊、甘苦的认识和要求有了进一步的提高。古人一般要求水甘甜洁净、鲜活清爽，同时讲求适当的贮水方法。现代人冲泡绿茶一般从感官指标、化学指标、物理学指标及细菌指标来判断水质，不管是古人还是今人烹茶用水，都蕴涵着茶道的深厚修养。

品茶伴侣
绿荷多功能茶

材料： 绿茶粉2g，荷叶少许。

做法： 把绿茶粉、荷叶放入瓷碗中用沸水冲泡。

功效作用： 对口干舌燥、易长青春痘、脸部皮肤松弛、肥胖症等都有一定的疗效。

生活妙用

减肥： 炒青绿茶中含有酚类衍生物，特别是茶多酚、茶素和维生素C的综合作用，可以促进脂肪氧化，帮助人体消化，达到减肥的目的。

抗菌： 炒青绿茶中的醇类、醛类、酯类、酚类等为有机化合物，对人体的各种病菌都有抑制和杀灭的功效。

抗癌： 炒青绿茶中的茶多酚能够抑制和阻断人体内致癌物亚硝基化合物的形成。

🍵 品饮赏鉴

1 茶具准备

玻璃杯或瓷杯1个，炒青绿茶2~3g，茶匙，茶巾等。

2 投茶

采用中投法将2~3g炒青绿茶投入杯中。

3 冲泡

向玻璃杯中冲入优质纯净水，水温以80℃~90℃为宜。

4 分茶

将泡好的茶汤分别倒在茶杯中，七分满为宜。

5 赏茶

茶汤颜色逐渐变化，茶烟飘散，茶芽在杯中缓缓起舞。

6 品茶

待茶汤冷热适口时，可慢慢小口饮用，用心品茗方知炒青绿茶的香郁和甘美。

茶月饼

 茶点茶膳

材料： 面粉500g，糖浆200g，绿茶粉50g，色拉油150g，凤梨馅适量，模子1个，刮刀1把。

制作：

1. 将面粉、绿茶粉混合后加入糖浆、色拉油和水，顺同一个方向将原料搅拌均匀，揉搓成面团。

2. 分成剂子，擀成圆饼，将凤梨馅包进饼皮，将口捏紧。

3. 模子里面刷点油，放进带馅面团，将四周压密实，厚度需与饼模水平，以免倒扣时月饼塌陷。

4. 倒扣出来，放进200℃的烤箱，烤10分钟即成。

口味： 清新爽口，风味独特。

烘青绿茶

抗衰益寿　利尿降脂

　　因干燥方式采用烘干而得名烘青绿茶。依原料老嫩和制作工艺的不同，可分为普通烘青与细嫩烘青两类。普通烘青绿茶直接饮用者不多，通常用来作为熏制花茶的茶坯，成品为烘青花茶。细嫩烘青是指采摘细嫩芽叶精工制作而成的绿茶。经杀青、揉捻、干燥三道工序制作而成。按外形可分为条形茶、尖形茶、片形茶、针形茶等。茶汤黄绿色或嫩绿色，滋味鲜爽、回甘，不耐泡。主要品种有黄山毛峰、太平猴魁、六安瓜片、敬亭绿雪等。

性状 嫩叶底翠绿鲜。

汤色 色泽翠绿。

口味
滋味鲜爽，回甘。

适宜人群
一般人群都可饮用，特殊禁忌者除外。

主要功效
提神益思，清热静心，防衰老。

性状特点
外形稍弯曲，锋苗显露。

饮茶提示
　　冲泡好的烘青绿茶要在三十至六十分钟内喝掉，否则茶里的营养成分会变得不安定。烘青绿茶粉不可泡得太浓，否则会影响胃液的分泌，空腹时最好不要喝。

挑选储藏
　　挑选烘青绿茶要看茶叶中是否混有茶梗、茶末、茶籽，以及制作过程中是否混入竹屑、木片、石灰、泥沙等夹杂物，否则会影响烘青绿茶的纯度。先将茶叶放在双层竹盒或木盒中，再将其放于阴凉处，这样茶叶就不会潮湿且避免了阳光的直射。

制茶工序
　　烘青绿茶的制作工序可分为杀青、揉捻、干燥。杀青是为了破坏鲜叶的组织，使鲜叶内含物迅速转化。揉捻可破坏叶片组织细胞，促使部分多酚类物质氧化，减少茶的苦涩味。干燥是烘青绿茶最重要的制作工序，分为毛火烘焙和足火烘焙两种，其中茶叶整形做形、固定茶叶品质、发展茶香都包含在这一工序中。

评茶论道

俗语说："水为茶之母，壶是茶之父。"好的饮茶器具有助于提高茶叶的色、香、味，同时，一件高雅精美的茶具本身就具有欣赏价值，富含艺术性。在选择茶具时人们不仅看它的使用性能，还要看茶具的艺术性如何，这已经成为一个选择标准，绿茶一般用玻璃或瓷杯茶具冲泡，这样能发挥玻璃器皿的优越性，令观赏者赏心悦目。

品茶伴侣

杏仁润喉止咳绿茶

材料： 绿茶3g，杏仁2g，蜂蜜适量。

做法： 将绿茶、杏仁用沸水冲泡，依个人口味加入蜂蜜即可饮用。

功效作用： 对止咳平喘、润燥解毒有一定的功效。

生活妙用

抗老： 含有的茶多酚类物质能清除氧自由基，具有很强的抗氧化性和生理活性，能有效地清除体内的活性酶，长期饮用可抗衰老。

清热： 烘青绿茶中多酚类、糖类、氨基酸、果胶等与口涎产生化学反应，且刺激唾液分泌，使口腔滋润，产生清凉感。

利尿： 烘青绿茶中的咖啡碱有刺激肾脏的作用。喝茶后，咖啡碱进入体内，刺激肾脏，促使尿液迅速排出体外。

 品饮赏鉴

1 茶具准备
茶匙，烘青绿茶2~3g，透明度较好的玻璃杯或瓷碗1个，并用清水冲洗干净。

2 投茶
从茶仓中取出2~3g烘青绿茶将其置入玻璃杯中。

3 冲泡
先向玻璃杯或瓷碗中注入少量矿泉水，浸润茶芽后，再高提水壶让水直泻而下。

4 分茶
将泡好的烘青绿茶茶汤倒入茶杯，七分满为宜。

5 赏茶
碧绿的茶芽在杯中如绿云翻滚，袅袅蒸汽使得香气四溢，清香袭人。

6 品茶
轻轻摇动杯身，使茶汤均匀。邀好友共品烘青绿茶的清爽甘泽，互助万事如意。

绿茶红豆饼

🍵 **茶点茶膳**

材料： 红豆沙50g，中筋粉70g，绿茶粉2g，蛋黄2个，水和混合黑白芝麻各适量。

制作：

1. 将中筋粉、绿茶粉和水倒入容器中，拌匀并揉成面团，静置5分钟让面团松弛。

2. 将面团擀成圆薄状后，包入豆沙馅，收口再用手压成大片饼状，表面擦上蛋黄液，撒上芝麻。

3. 把少许油放入平底锅中烧热，放入红豆饼以中火慢慢煎到熟透，取出切成适当大小块状即可。

口味： 香甜可口，有清香茶味。

晒青绿茶

杀菌消炎　护齿利尿

晒青绿茶是在制作过程中干燥方式采用日光晒干的绿茶。晒茶方式起源于三千多年前，古人采集野生茶树芽叶进行晒干收藏。现代晒青绿茶，茶鲜叶经过锅炒杀青、揉捻后，利用日光晒干。由于太阳晒的温度较低，时间较长，因此较多地保留了鲜叶的天然成分，且带有一股日晒特有的味道。晒青茶中质量以云南大叶种所制的滇青最好，外形条索粗壮肥硕，色泽深绿油润，汤色黄绿，极具收敛性，耐冲泡。

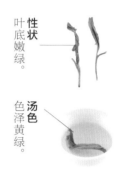

叶底 性状
嫩绿。

汤色
色泽黄绿。

口味
入口甘甜，无浓烈感。

适宜人群
一般人群都可饮用，特殊禁忌者除外。

主要功效
预防病菌，防止辐射，护齿利尿。

性状特点
条索粗状，耐冲泡。

饮茶提示

湖北老青茶、四川做庄茶等也采用日光干燥，但在晒干过程中，结合堆变色，品质风格与晒青不同，属于黑毛茶类，不应与晒青混淆。

挑选储藏

挑选晒青绿茶要看其茶叶叶片形状、色泽是否整齐均匀，整齐均匀者为优质晒青绿茶；如有油臭味或焦味为劣质产品。晒青绿茶储藏时要密封，保持干燥，杜绝挤压。

品种辨识

晒青绿茶太阳照射味道明显，干茶色泽为墨绿色，白毫较显，冲泡后汤色较手工制作显橙黄色，滋味略带点水味，苦味较重，香气表现略闷，较持久，叶底一般为暗绿色，部分叶底上会出现黄斑。烘青茶有清香味，干茶有明显的火烘味，香气较锐，冲泡后一般的茶汤会表现为黄绿色或嫩绿色、翠绿色，滋味鲜爽、回甘，但不耐泡，叶底香气一般不持久，颜色表现为嫩绿或亮绿。

评茶论道

　　茶叶罐是用来储存茶叶的器具，自古以来，茶叶罐就是茶文化的一部分。从古代流传下来的茶叶罐，不仅材料多样，制作精美，而且具有很高的欣赏价值和收藏价值，从这些茶叶罐可以看出茶历史的变迁和人们认识茶的不断深入，它也是研究茶文化的主要依据。茶叶罐的材质有瓷质、铁质、陶质、木质等。根据茶叶对温度和湿度的需求以及使用场合的不同，为了更好地保护茶叶新鲜度，可以依情况挑选不同材质的茶叶罐。

品茶伴侣

杜仲护心绿茶

材料： 杜仲叶2g，晒青绿茶3g。

做法： 杜仲和绿茶同置于茶杯内冲泡，5分钟后即可饮用。

功效作用： 杜仲性温，味甘微辛；能补益肝肾、降血压、强健筋骨。

生活妙用

护齿： 晒青绿茶中含有氟，对牙齿有保健功效，长期饮用可护齿。

消炎杀菌： 晒青绿茶中醛类、酯类、酚类等为有机化合物，对人体的各种病菌都有抑制和杀灭的功效。

利尿： 晒青绿茶中含有茶多酚，它能促进胃肠道蠕动，促进消化吸收，从而起到利尿的作用。

 品饮赏鉴

1 茶具准备
　　玻璃杯或瓷杯1个，晒青绿茶2~3g，茶匙，茶巾等。

2 投茶
　　用茶匙将2~3g晒青绿茶投入杯中。

3 冲泡
　　先用矿泉水浸润茶芽，待茶芽舒展后，再用80℃~90℃水冲泡绿茶。

4 分茶
　　汤茶分倒在茶杯中，以七分满为宜。

5 赏茶
　　茶泡好后，可闻香观色，看茶烟飘散，茶叶起舞。

6 品茶
　　品茗时要小口慢慢细啜，方可体会其香、清、甘醇。

绿茶豆腐

茶点茶膳

材料： 豆腐1块，香菇2个，胡萝卜1个，晒青绿茶3g，酱油、糖各1匙，盐、香油、食用油各少许。

制作：

1. 晒青绿茶泡出茶汁备用。

2. 香菇泡软，切丝；胡萝卜去皮，切成片。

3. 豆腐切片，在平底锅中煎至两面金黄。

4. 将煎好的豆腐取出；锅中加油煎炒胡萝卜、香菇，淋入酱油，倒入豆腐，放糖、盐、香油、茶汁入味。

口味： 香软可口，伴有淡淡茶香。

洞庭碧螺春

养颜降脂　抗菌防癌

中国十大名茶之一。产于江苏太湖洞庭山，由于茶树与果树间种，碧螺春茶叶具有特殊的花朵香味，当地人称此茶为"吓煞人香"。碧螺春茶从春分开摘至谷雨结束，采摘的茶叶为一芽一叶，一般是清晨采摘，中午前后拣剔质量不好的茶片，下午至晚上炒茶。碧螺春条索紧结，卷曲似螺，边沿上有一层均匀的细白茸毛。1954年，周总理曾携带两斤"东山西坞村碧螺春"赴日内瓦参加国际会议，碧螺春也因此扬名中外。

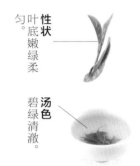

性状
匀叶底嫩绿柔。

汤色
碧绿清澈。

口味

滋味香郁鲜爽，回味干厚。

适宜人群

一般人群都可饮用，特殊禁忌者除外。

主要功效

清热降火，抗菌消炎，瘦身养颜。

性状特点

条索纤细，卷曲呈螺状，满披茸毛，色泽碧绿。

挑选储藏

没有加色素的碧螺春色泽比较柔和鲜艳，加色素的碧螺春看上去颜色发黑、发绿、发青、发暗。此外，真的碧螺春应是满披白毫，有白色的小茸毛；着色后的碧螺春，其茸毛多是绿色的。碧螺春要保持干燥、密封，宜在10℃以下环境冷藏。

饮茶提示

饮用太浓的碧螺春会导致骨质疏松。因为茶叶中的咖啡因能促使尿钙排泄，造成骨钙流失。所以老人最好少喝浓茶。

制茶工序

按国家标准，碧螺春茶分为五级：特一级、特二级、一级、二级、三级。炒制的锅温、投叶量、用力程度，随级别降低而增加。即级别低锅温高，投叶量多，做形时用力较重。目前大多仍采用手工方法炒制，杀青、炒揉、搓团焙干三个工序，其特点是手不离茶，茶不离锅，揉中带炒，炒中有揉，炒揉结合，连续操作，起锅即成。

茶之传说

很久以前，碧螺和阿祥在湖边干活，突然湖中出现一条龙，伤害百姓，还要碧螺做"太湖夫人"。阿祥决定与恶龙决战。他杀了恶龙，自己也受了重伤。一天，碧螺在阿祥与恶龙搏斗处发现一棵茶树，第二年茶树长出嫩叶，碧螺采了一把给阿祥泡茶喝，阿祥喝完伤势竟好转，而碧螺却因劳累病倒后再也没起来。为了纪念碧螺，人们称这棵茶树为"碧螺春"。

品茶伴侣
美肤茶

材料： 碧螺春茶末适量，软骨素1g，茶杯1个。

做法： 将茶末放入杯中，沸水冲泡，然后将软骨素与茶水调和，可经常饮用。

功效作用： 有助于美艳肌肤，使皮肤富有弹性。

生活妙用

利尿： 碧螺春中的茶碱能刺激肾脏，饮用碧螺春后茶碱进入体内，促使尿液迅速排出体外。

清热： 碧螺春含有脂多糖的游离分子、氨基酸、维生素C和皂甙化合物，都有清热的功能。

瘦身： 碧螺春中含有大量的维生素以及纤维化合物，食物纤维不能被人体吸收，喝茶后，这些物质会停留在腹中，给人以饱足感，这样就会减少进食，长期饮用可减肥。

 品饮赏鉴

1 茶具准备
一支香，香炉，玻璃杯，随手泡，茶盘，茶荷，茶匙，碧螺春茶3g，其他茶道具。

2 投茶
清洗玻璃杯，然后用茶匙将茶荷里的碧螺春依次拨到玻璃杯中。

3 冲泡
向玻璃杯中注入80℃~90℃的水，水只注到七分满，充分浸泡茶芽。

4 分茶
茶汤分倒在茶杯中，以七分满为宜。

5 赏茶
满身披毫、银白隐翠的碧螺春，吸收水分后即下沉，茶汤逐渐变绿。

6 品茶
茶汤与茶叶交相辉映；品之香郁鲜爽，回味醇厚。

茶香水饺

 茶点茶膳

材料： 饺子皮60个，绿茶5g，猪肉馅30g，白菜半个，盐、油各适量。

制作：

1. 将白菜剁好挤出水分备用。

2. 茶叶泡开后切碎，茶汁备用。

3. 将白菜、茶叶放入猪肉馅中拌匀，加入适量盐和油。

4. 在调好的馅里加少许茶汁，再次搅拌均匀。

5. 将馅包进饺子皮里，入锅煮熟即可。

口味： 清香宜人，风味别致。

西湖龙井

清热除烦
降暑解毒

中国十大名茶之一，因产于杭州西湖龙井茶区而得名。外形扁平挺秀，色泽绿翠，内质清香味醇，素以"色绿、香郁、味甘、形美"著称并驰名中外。多种植在靠山近水之地，每年春天采摘青叶，人们习惯把"清明"前三天采摘的茶称为"明前茶"。夏秋的龙井茶有暗绿或深绿两种，就汤色、清香及叶底而言，要比同级春茶差一些。西湖龙井在国际交往中曾发挥桥梁作用，在国宴茶话会上是清廉的象征，现已成为礼尚往来的礼品茶。

性状
芽嫩如莲心，
光滑挺秀。

汤色
色泽杏绿，
清澈明亮。

口味
清新醇厚，无浓烈感。

适宜人群
一般人群都可饮用，特殊禁忌者除外。

主要功效
抗菌，利尿，减肥，防癌。

性状特点
扁平挺直，大小、长短匀齐。

饮茶提示
龙井茶香郁味醇，唯有细品慢啜，方可领略其香味特点，当饮茶至三分之一时，需续水，饮至"三泡茶"时，味道会变淡，可重新换茶叶。

挑选储藏
优质龙井茶叶扁形，条索整齐，宽度一致，手感光滑；叶细嫩，一芽一叶或两叶，芽长于叶3厘米以下，芽叶均匀成朵，不带夹蒂、碎片；茶汤味道清香。假龙井茶则多是青草味，夹蒂较多，手感不光滑。龙井茶杜绝挤压，要低温、干燥、独立储藏。

品种辨识

狮峰
光、扁、平、直，无茸毛，叶苞不分叉，色泽绿润，誉为"龙井之巅"。

云栖
挺秀、扁平光滑，色泽翠绿。

龙井
扁平光滑，苗锋尖削。色泽嫩绿中显黄。

梅家坞
芽叶柔嫩而细小。

虎跑
嫩匀成朵，芽形若枪。

茶之传说

相传乾隆皇帝巡游到杭州，把自己乔装一番，来到龙井村狮峰山下的胡公庙前。庙里的和尚拿出狮峰龙井请乾隆品饮，乾隆饮后感觉清香醇厚，遂亲自采摘茶叶，因匆忙回京，他只能把采摘的茶叶放入衣袋中。回京后发现茶芽已被夹扁，可香气犹存，深得太后赞赏。于是乾隆封该茶为"御茶"，每年当地的茶农都要炒茶进贡，供太后享用。

品茶伴侣

绿茶酸奶瘦身茶

材料： 酸奶250ml，龙井茶粉50g，瓷碗1个。

做法： 将龙井茶粉放入瓷碗中，倒入酸牛奶，拌匀后即可饮用。

功效作用： 茶香浓郁，富有奶香味，口感绵软，具有祛脂减肥、助消化的作用。

生活妙用

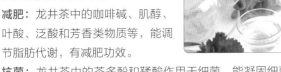

利尿： 龙井茶中含咖啡碱和茶碱，这些物质有利尿作用。

减肥： 龙井茶中的咖啡碱、肌醇、叶酸、泛酸和芳香类物质等，能调节脂肪代谢，有减肥功效。

抗菌： 龙井茶中的茶多酚和鞣酸作用于细菌，能凝固细菌的蛋白质，将细菌杀死。其用于治疗肠道疾病效果较好，如霍乱、伤寒、痢疾等。

防癌： 龙井茶中的黄酮类物质有不同程度的体外抗癌作用，作用较强的有桑色素和儿茶素等。

 品饮赏鉴

1 茶具准备
玻璃杯或瓷杯1个，西湖龙井2~3g，茶匙等。

2 投茶
取龙井茶 2~3g置入杯中，按照1：50的比例为干茶注水。

3 冲泡
用"回旋斟水法"注水少许浸润茶芽，茶叶舒展，散发清香时，用85℃~95℃水冲泡。

4 分茶
将泡好的茶汤倒入茶杯，七分满即可。

5 赏茶
茶叶先是一片一片下沉，然后逐渐舒展，上下沉浮，汤明色绿，分外养眼。

6 品茶
香气沁人心脾，细品后更觉齿颊留芳、甘泽润喉。

龙井黄花鱼

 茶点茶膳

材料： 黄花鱼1条，龙井茶6g，盐、黄酒各适量。

制作：

1. 将黄花鱼刮鳞去内脏，清洗干净备用。

2. 热水冲泡龙井茶，两三分钟后去渣，取茶汤，茶叶备用。

3. 将黄花鱼片开，用盐、黄酒和茶汤浸泡约10分钟，以入味。

4. 将腌好的黄花鱼放入油锅中炸酥后捞出。

5. 将泡好的龙井茶叶放入油锅炸香，炸好后和黄花鱼一起装盘。

口味： 酥软，香嫩可口。

黄山毛峰

抑菌减肥　利尿抗癌

中国历史名茶之一，产于安徽黄山。其色、香、味、形俱佳，品质风味独特。黄山毛峰特级茶，在清明至谷雨前采制，以一芽一叶初展为标准，当地称"麻雀嘴稍开"。鲜叶采回后即摊开，并进行拣剔，去除老、茎、杂。毛峰以晴天采制的品质为佳，并要当天杀青、烘焙，将鲜叶制成毛茶（现采现制），然后妥善保存。一九五五年被中国茶叶公司评为全国"十大名茶"，一九八六年被中国外交部定为"礼品茶"。品牌有谢裕大、德昌顺、老谢家、红石。

性状　朵壮叶底匀嫩亮黄成肥。

汤色　清澈明亮。

口味

鲜浓醇厚，回味甘甜。

适宜人群

一般人群都可饮用，特殊禁忌者除外。

主要功效

护齿，强心解痉，利尿。

性状特点

外形细嫩扁曲，多毫有锋。

饮茶提示

黄山毛峰中的多酚类易与酶结合，服用酶制剂药剂时，茶水会降低酶的活性，从而降低或失去药效。切忌茶水喝药且服药后两小时内不要饮茶。

挑选储藏

特级黄山毛峰形似雀舌，白毫显露，色似象牙，鱼叶金黄。其中"鱼叶金黄"和"色似象牙"是特级黄山毛峰与其他毛峰形状不同的两大显著特征。储藏时要保持干燥、密封、避光、低温。

制茶工序

黄山毛峰的制作分采摘、杀青、揉捻、干燥烘焙四道工序。

采摘即清明、谷雨前后开采50% 的茶芽，每隔两至三天巡回采摘一次，至立夏结束。杀青指在平锅上手工操作，要求：每锅投叶量 250~500 克，温度保持在150℃ ~180℃，使茶叶接触锅面受热均匀。

烘焙分两个步骤：

一是毛火（子烘），要求温度在 90℃ ~95℃，烘焙时间在 30~40 分钟。

二是足火（老火），要求温度在 65℃ ~70℃，时间保持在 15~20 分钟。

茶之传说

相传明朝县官熊开元游黄山，迷了路。偶遇和尚，留他于寺中过夜。和尚为其冲茶时，杯中有白莲升起，满室清香，知县大为好奇，和尚介绍此茶为黄山毛峰。临别，和尚送一包黄山毛峰和一葫芦黄山泉水，并嘱咐用此水泡此茶，才能出现白莲奇景。熊开元为好友演示，奇景再现。好友为邀功，演示给皇帝，因没黄山泉水，奇景未出现，皇上大怒，熊开元受牵连，其再上黄山讨泉水，皇上见白莲奇景，悦并加封熊开元，但熊开元决然辞官出家黄山。

品茶伴侣
梅子绿茶

材料： 绿茶10g，青梅1颗，青梅汁1匙，冰糖1大匙。

做法： 将冰糖用开水煮化，再加绿茶浸泡5分钟；滤出茶汁，加入青梅及青梅汁拌匀。

功效作用： 消除疲劳，增强食欲，帮助消化，并有杀菌、抗菌的作用。

生活妙用

护齿： 黄山毛峰中含有氟，氟离子与牙齿的钙质产生化学反应，生成一种较难溶于酸的"氟磷灰石"，无形中给牙齿上了个保护薄膜，提高了牙齿防酸抗龋能力。

强心解痉： 黄山毛峰中的咖啡碱具有强心、解痉、松弛平滑肌的功效，能解除支气管痉挛，是治疗心肌梗塞的良好辅助药物。

利尿： 黄山毛峰中的茶多酚可清洁人体器官，在促进肠道和胃的蠕动时也能达到利尿的目的。

品饮赏鉴

1 茶具准备
透明玻璃杯1个，黄山毛峰3g，茶荷，茶匙，茶巾等。

2 投茶
用茶匙把茶荷中的茶拨入透明玻璃杯中，茶与水的比例约为1∶50。

3 冲泡
将热水倒入杯中约茶杯的四分之三，水温以85℃~90℃为宜。

4 分茶
将泡好的茶水倒入茶杯，七分满为宜。

5 赏茶
茶汤清澈明亮；茶叶嫩绿带黄，肥壮成朵。

6 品茶
清鲜高长，滋味鲜浓、醇厚，回味甘甜。

茶点茶膳

笋拌豆丝

材料： 豆丝900g，笋300g，黄山毛峰粉2茶匙，橄榄油少许。

制作：

1. 清洗竹笋后，连外壳用冷水以大火煮开后，改用小火煮约50分钟至熟，去外皮切成块状装盘，放凉后置冰箱内冷藏。

2. 将豆丝和笋丝拌在一起，加入少许橄榄油和黄山毛峰粉2茶匙，搅拌即可食用。

口味： 清新爽口，可祛肥腻。

南京雨花茶

主产区：中国江苏　品鉴指数：★★★★★

南京雨花茶因产于南京市郊的雨花台一带而得名。因状如松针，与安化松针、恩施玉露一起，被称为"中国三针"。雨花茶的采摘期极短，通常为清明之前十天左右。采摘标准精细，要求嫩度均匀、长度一致，具体为：半开展的一芽一叶嫩叶，长2.5~3厘米。极品雨花茶全程为手工炒制，经过杀青（高温杀青，嫩叶老杀，老叶嫩杀）、揉捻、整形、干燥后，再涂乌桕油加以手炒，每锅只能炒250克茶。畅销日本、东南亚一带，是人们赠送亲朋好友的珍贵礼品。

性状
叶底嫩匀明亮。

汤色
碧绿清澈。

口味
滋味醇厚，回味甘甜。

适宜人群
一般人群都可饮用，特殊禁忌者除外。

主要功效
防辐射，通便，减肥。

性状特点
外形圆绿，形似松针。

饮茶提示
南京雨花茶味甘苦、性偏寒，体寒者不适宜多喝。茶中有促进胃酸分泌的成分，对胃溃疡患者不利，所以胃溃疡病患也不宜多喝此茶。

挑选储藏
挑选雨花茶手轻握茶叶微感刺手，轻捏会碎，表示茶叶干燥程度良好；茶叶含水量在5%以下，是质量上乘的雨花茶。反之，用重力捏茶叶仍不易碎，表明茶叶已受潮回软，茶叶品质受到影响。雨花茶要避免强光照射，低温储藏。

品种辨识
雨花茶分三个级别：特种雨花茶、一级雨花茶、二级雨花茶。其区别分别是：鲜叶中一芽一叶、一芽二叶的大小以及叶芽的长度会依次递减。其色泽、香味大体相同：绿润、匀整、洁净；香气清香，汤色嫩绿明亮，滋味鲜醇，只是在外形上一、二级雨花茶有扁条。

评茶论道

我国钱币上的茶文化：丝茶银行代茶币。一九二五年"中国丝茶银行"发行了五元的代茶币，该茶币为红黄色，镂空花边，四个角都印有"伍"字。上面从右至左"中国丝茶银行"，中间印有采茶图；"协升昌"号茶庄票；福建福安茶庄票，一九二八年发行；"怡和祥茶号"代用纸币；安徽祁西高塘印制，一九三二年发行，面值一元和五元。

品茶伴侣

清咽茶

材料： 雨花茶5g，薄荷5g，冰片2g。

做法： 将此3味食材放入杯中，用开水冲泡3分钟即可饮用。

功效作用： 对清热生津、消食下气、腹中胀满有一定的功效。

生活妙用

防辐射： 雨花茶中含有防辐射物质，边看电视边喝茶，能减少电视辐射危害，并能保护视力。

通便： 雨花茶中的茶多酚可促进胃肠蠕动、胃液分泌，茶叶经冲泡后，茶多酚被人体吸收，能达到通便的目的，使人体的有害物质及时地排出体外。

减肥： 雨花茶中含有维生素B1能促使脂肪充分燃烧，将其转化为人体所需热能，长期饮用有减肥功效。

品饮赏鉴

1 茶具准备
玻璃杯或瓷杯1个，南京雨花茶2~3g，茶匙等。

2 投茶
采用上投法将2~3g雨花茶投入玻璃杯或瓷杯中。

3 冲泡
先向杯中注少量水，浸润茶芽，待茶叶浸透后继续注水，水温要保持80℃~90℃。

4 分茶
将泡好的茶水倒入茶杯，七分满为宜。

5 赏茶
茶芽直立，上下沉浮，犹如翡翠，清香四溢。

6 品茶
小口慢慢吞咽，让茶汤在口中和舌头充分接触，品茶香。

雨花银耳羹

茶点茶膳

材料： 雨花茶10g，银耳6g，木瓜100g，白糖50g，蜂蜜、淀粉各适量。

制作：

1. 将银耳用温水泡发约1小时，然后与木瓜放入500ml水中煮至熟烂。

2. 将雨花茶放入200ml开水中泡开，取茶汁备用。

3. 将茶汁和白糖倒进煮银耳的锅中，加入少许淀粉煮沸即可，食用时可依个人口味加适量的蜂蜜。

口味： 清甜适口，美容养颜。

阳羡雪芽

主产区：中国江苏　品鉴指数：★★★★★

产于江苏宜兴南部阳羡游览景区，根据苏轼"雪芽我为求阳羡"的诗句而得名——阳羡雪芽。阳羡茶区群山环抱，云雾缭绕，空气清新，土壤肥沃，为茶叶生长提供了天然的资源条件。阳羡雪芽采摘细嫩，制作精细，经过高温杀青、轻度揉捻、整形干燥、割末贮藏等四道工序加工制作而成。成品茶外形紧直匀细，翠绿显毫，内质香气清雅，滋味鲜醇，汤色清澈，叶底嫩匀完整，更是以"汤清、芳香、味醇"的特点誉满全国。

性状
叶底幼嫩，色绿黄亮。

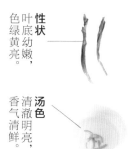

汤色
清澈明亮，香气清鲜。

口味
浓厚清鲜，甘醇爽口。

适宜人群
一般人群都可饮用，特殊禁忌者除外。

主要功效
护齿坚齿，清热降暑，养颜降脂。

性状特点
纤细挺秀，色绿润，银毫显露。

饮茶提示
一般来说，有饮茶习惯的健康成年人，一日饮茶六至十克，分两三次冲泡较适宜。高温环境或接触有毒物质较多的人，一日饮茶二十克左右适宜。

挑选储藏
和其他绿茶一样，好的阳羡雪芽都条索紧细，圆直光滑，质重匀齐；茶叶洁净，无条梗，无茶类杂质；芽类和白毫多，色泽绿润，茶芽多为翠绿色，油润光亮，不带红梗、红叶。储藏于阴凉处，避光保存，有条件可放保鲜柜，在10℃以下的环境中保存，品饮效果更佳。

制茶工序
阳羡雪芽采摘细嫩，制作精细，在谷雨前采制，经原料拣剔、薄摊萎润、高温杀青、轻度揉捻、整形干燥、割末贮藏等工序，后由手工低温整形、显晾干燥、摊晾回潮、提香成为成品。其外形纤细挺秀，色绿润，银毫显露；冲泡后，汤色清澈明亮，叶底匀整，滋味浓厚清鲜。

评茶论道

　　自古以来，文人雅士都喜欢饮茶，也出现了以茶事为主题的绘画。唐朝时期，如阎立本的《萧翼赚兰亭图》、周昉的《调琴啜茗图》等。历代茶画内容大多描绘煮茶、奉茶、品茶、采茶、以茶会友、饮茶用具等。茶画反映了当时的茶风茶俗，是茶文化的一部分，也是研究茶文化的珍贵资料，这些茶画组成一部中国几千年茶文化历史图录，具有很高的欣赏价值。

品茶伴侣
葡萄美容茶

材料： 葡萄100g，阳羡雪芽5g，白糖适量。

做法： 葡萄与白糖混合，加适量冷水；沸水泡茶；两者混合即可。

功效作用： 日常保健，有减肥、美容等功效。

生活妙用

坚齿： 阳羡雪芽中含有矿物质元素氟，氟离子与牙齿的钙质结合，能形成一种较难溶于酸的"氟磷灰石"，使牙齿变得坚固。

养颜： 阳羡雪芽含有维生素E，能对抗自由基的破坏，促进人体细胞的再生与活力，长期饮用可使皮肤光滑细嫩。

清热： 阳羡雪芽中含有芳香类物质，可以使茶叶挥发出香气。所以不仅能使人心旷神怡，还能带走一部分热量，从内部控制体温，让人感觉清新凉爽。

品饮赏鉴

1　茶具准备
　　玻璃杯或瓷杯1个，阳羡雪芽2~3g，茶匙等。

2　投茶
　　用茶匙把阳羡雪芽放入玻璃杯中。

3　冲泡
　　冲茶时，水壶有节奏地三起三落，像是凤凰向客人点头致意。

4　分茶
　　把泡好的茶汤分别倒入茶杯，七分满为宜。

5　赏茶
　　在热水浸泡下，茶芽慢慢舒展，茶叶在杯中翩舞，茶香随之飘散。

6　品茶
　　细啜慢咽，茶汤醇厚甘鲜，韵味无穷，身心惬意。

 茶点茶膳

阳羡雪芽面条

材料： 阳羡雪芽20g，热水1000ml，面粉、配料各适量。

制作：

1. 茶叶用洁净的纱布包好，开水冷却到60℃左右时，将茶包放入锅中浸泡10分钟；若茶叶较粗老，用水量可略多些。

2. 用茶汁进行和面，再按制作面条的程序，擀片、切条，制出茶汁面条。

3. 面条入开水锅内煮熟，捞出加入喜欢吃的配料即可。

口味： 清新爽口，风味独特。

竹叶青茶

主产区：中国四川　品鉴指数：★★★★

解渴消暑
解毒利尿

产于山势雄伟、风景秀丽的四川峨眉山。海拔800~1200米峨眉山山腰的万年寺、清音阁、白龙洞、黑水寺一带是盛产竹叶青茶的好地方。这里群山环抱，终年云雾缭绕，十分适宜茶树生长。竹叶青茶一般在清明前三至五天开采，标准为一芽一叶或一芽二叶初展，鲜叶嫩匀，大小一致。适当摊放后，经高温杀青、三炒三晾，采用抖、撒、抓、压、带条等手法，做形干燥。使茶叶具有扁直平滑、翠绿显毫、形似竹叶的特点；再进行烘焙，茶香四溢，成茶外形美观，内质十分优异。

叶底嫩匀。 **性状**

汤色 黄绿清亮。

口味

滋味浓厚甘爽。

适宜人群

一般人群都可饮用，特殊禁忌者除外。

主要功效

生津止渴，消热解毒，化痰。

性状特点

翠绿显毫，形似竹叶。

饮茶提示

竹叶青冷茶对身体有寒滞、聚痰的副作用。喝冷茶不仅不能清火化痰，反而会出现伤脾、胃和聚痰的情况，所以不要喝冷的竹叶青茶。

挑选储藏

挑选优质竹叶青茶时最好到可以提供泡饮的店里，泡好的茶汤黄绿清亮，叶底嫩绿如新，茶性清雅，口味甘爽。可将竹叶青茶装入无异味的食品包装袋中，然后放入冰箱，这种方法保存时间长、效果好，切记要密封食品袋口，以保证茶的质量。

制茶工序

竹叶青茶的制作工序为：采摘一芽一叶初展和一芽一叶开展的芽茶；将嫩芽放在竹筛或纱筛里摊晾；杀青时锅温约100℃~120℃，每锅投芽叶约300克，杀匀杀透变熟约五分钟后，将锅温降至80℃左右理条，直到茶叶八成干，起锅摊晾；干燥时茶芽重入锅内，每锅投叶300~500克，锅温80℃，用手往复地钩、压、磨、挡、吐顺时运动，挥干整型达到每个茶芽扁平直滑、干燥香脆即成。

评茶论道

　　随着茶文化的不断传播，邮票也成为这一文化的载体，一九九七年四月八日王虎鸣设计的以紫砂名壶为题材的纪念邮票为开端，这套邮票一共四枚：茶树、茶圣、茶器、茶会。底色为灰色，打有中式信笺的线框，邮票上有行草书写的梅尧臣、欧阳修、汪森、汪文伯关于紫砂壶的名句。图的上方有女篆刻家骆芃芃的四方印章：圆不一相、方非一式、泥中泥、艺中艺。

品茶伴侣

罗汉茶

材料： 罗汉果20g，竹叶青茶2g。

做法： 将罗汉果加水煮5~10分钟，煮沸后加入竹叶青茶，1~2分钟后即可饮用。

功效作用： 清热、化痰、止咳，可治疗风热感冒引起的咳嗽。

生活妙用

防电脑综合症： 竹叶青茶含有维生素A，对经常在电脑前办公的人来说，饮竹叶青茶可以帮助振奋精神、保护视力等。

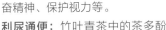

利尿通便： 竹叶青茶中的茶多酚可促进胃肠蠕动、胃液分泌，茶多酚被人体吸收，能利尿通便，使人体的有害物质及时地排出体外。

清热： 竹叶青茶含有维生素C和皂甙化合物等，其都具有清热的功能。长期饮用竹叶青茶不仅可以减轻体重，还能使人的血管舒张、血压降低、心率减慢和脑部血流量减少等，对高血压和脑动脉硬化患者有较好的治疗作用。

品饮赏鉴

1 **茶具准备**
　　玻璃杯或瓷杯1个，茶盘1个，2~3g竹叶青茶，茶匙等。

2 **投茶**
　　用茶匙把茶盘中的2~3g竹叶青茶轻轻拨入杯中。

3 **冲泡**
　　向杯中注入80℃~90℃的热水，让茶叶慢慢吸水浸润。

4 **分茶**
　　将杯中的茶分别倒在茶杯中，再续水。

5 **赏茶**
　　茶芽在杯中渐渐舒展开来，茶烟随之飘散，茶香四溢。

6 **品茶**
　　小口细啜，让茶汤在口中和舌头充分接触，唇齿留香。

茶点茶膳

茶味熏鸡

材料： 童子鸡1只，小米锅巴100g，竹叶青茶15g，姜、盐、小葱、红糖、酱油、黄酒、香油、花椒各适量。

制作：

1. 少许葱、花椒和盐研成细末，拌均匀；切几根葱段备用。

2. 将鸡洗净；将葱、椒、盐均匀撒在鸡身上，腌半小时。

3. 鸡肚内放葱段、姜片，抹酱油、黄酒，蒸至八成熟。

4. 锅巴、茶叶、红糖放入炒锅里，鸡放在篦子上熏。

口味： 香酥可口，补精益气。

六安瓜片

抑菌抗老　瘦身减脂

中国十大名茶之一。产于安徽六安、金寨、霍山三市县响洪甸水库周围地区，属片形烘青绿茶，又称片茶。六安瓜片是中国绿茶中唯一去梗去芽的片茶。采摘一芽二三叶，及时掰片，老片、嫩叶分开炒制，制作工序有五道：生锅、熟锅、毛火、小火、老火。成茶呈瓜子形单片状，自然伸展，叶绿微翘，色泽宝绿；汤色清澈，滋味鲜醇回甘；叶底黄绿。其中金寨齐云山一带的茶叶，为瓜片中的极品，冲泡后雾气蒸腾，有"齐山云雾"的美称。

性状
叶底嫩绿明亮。

汤色
清澈黄明亮净，杏黄明亮。

口味
滋味鲜醇，回味甘美，伴有熟栗清香。

适宜人群
一般人群都可饮用，特殊禁忌者除外。

主要功效
抗癌，抑菌，通便。

性状特点
外形平展，茶芽肥壮，叶缘微翘。

饮茶提示

六安瓜片含氟，其中儿茶素可抑制龋菌，减少牙菌斑的产生。所含的单宁酸，有杀菌作用，能阻止食物渣屑繁殖细菌，可有效防止口臭。

挑选储藏

从外形上看，优质六安瓜片均不带芽和茎梗，叶呈绿色光润，微向上重叠，形似瓜子，水色碧绿。如味道较苦，则为伪劣产品。六安瓜片要密封储藏在冰箱（柜）冷藏室，温度保持在零度以下，避免与有刺激性气味的物体存放在一起。

制茶工序

六安瓜片制作工序较为独特，须采用传统工艺制作，无法用机械加工，主要工具有生锅、熟锅、竹丝帚或芒花帚。共三道工序：采摘，标准为多采一芽二叶，可略带少许一芽三四叶；摘片，把采来的新鲜茶叶与茶梗分开，摘片时要将断梢上的第一叶到第三四叶和茶芽用手一一摘下，随摘随炒；把叶片炒开，先"拉小火"，再"拉老火"，直到叶片白霜显露，色泽翠绿均匀，茶香充分发挥时，才可以趁热将其装入容器中，并密封储存。

评茶论道

　　中国各地茶馆遍布，形成了独具特色的茶馆文化。茶馆是一个多功能的社交场合，是反映社会生活的一面镜子。人们可以在茶馆里听书、看戏、交友、品茶、尝小吃、赏花赛鸟、谈天说地、打牌、下棋、读书看报等。旧社会时，人们还在茶馆调解社会纠纷、洽谈生意、了解行情、看货交易等。总之七十二行，行行都把茶馆当作结交聚会的好去处。

品茶伴侣
鲜果茶

材料： 柳橙、苹果各半个，金橘3个，水600ml，冰糖20g，六安瓜片2g。

做法： 冷水煮开，放入六安瓜片、冰糖，煮至糖溶化，三种水果布丁，放入壶内搅拌均匀。

功效作用： 增加血管韧性，保持细胞弹性，润喉清嗓，养颜美容。

生活妙用

抗癌： 六安瓜片茶中含有茶多酚，能够抑制和阻断人体内致癌物亚硝基化合物的形成。

抑菌： 六安瓜片茶中的醇类、醛类、酯类、酚类等为有机化合物，对人体的各种病菌都有抑制和杀灭的功效。

通便： 六安瓜片茶中的茶多酚可促进胃肠蠕动，茶叶经冲泡后，茶多酚被人体吸收，能达到通便的目的。

🍵 品饮赏鉴

1 茶具准备
　　透明玻璃杯或瓷杯1个，并用清水冲洗干净，2~3g六安瓜片。

2 投茶
　　用茶匙把2~3g六安瓜片倒入杯中。

3 冲泡
　　采用下投法把80~90℃纯净水注入玻璃杯中，2分钟后出完茶汤留根，续水。

4 分茶
　　将玻璃杯中茶水分倒入茶杯中，七分满为宜。

5 赏茶
　　随着茶叶舒展开，汤茶变为浅绿，叶底嫩绿明亮。

6 品茶
　　小口慢品茶汤滋味，细细领略茶甘香润，会使您齿颊留香，身心舒畅。

 茶点茶膳

酥香小饼

材料： 小麦面粉100克，鸡蛋1个，葵花籽仁、奶粉、绿茶粉、奶油、酵母、黄油各适量。

制作：

1. 将面粉和奶油混合在一起，打入鸡蛋液备用。

2. 加入葵花籽仁、奶粉、绿茶粉、酵母、黄油，搅拌均匀，加少许水，和成面团后备用。

3. 将面团做成方形坯子，放入烤箱烘烤20分钟，即可食用。

口味： 酥软甘甜，有淡淡茶香味。

太平猴魁

抑菌抗癌 利尿减肥

中国十大名茶之一。有"猴魁两头尖，不散不翘不卷边"之称。猴魁茶包括猴魁、魁尖、尖茶三个品类，以猴魁为最好，叶色苍绿匀润，叶脉绿中隐红，俗称"红丝线"。品饮时可以体会出"头泡香高，二泡味浓，三泡四泡幽香犹存"的悠悠茶韵。太平猴魁的采摘在谷雨至立夏，茶叶长出一芽三叶或四叶时开园，立夏前停采。采摘时间较短，每年只有十五至二十天。采摘天气一般选择在晴天或阴天午前（雾退之前），午后拣尖。由杀青、毛烘、足烘、复焙四道工序制成。

性状
叶芽挺直，肥实。

汤色
清绿透明，有兰香味。

口味
滋味甘醇，爽口。

适宜人群
一般人群都可饮用，特殊禁忌者除外。

主要功效
提神，防辐射，降压抗癌。

性状特点
两头尖而不翘，不弯曲、不松散。

饮茶提示

喝茶在抑制细菌的同时还可除臭，特别是对酒臭、烟臭、蒜臭效果良好。饭后用茶水漱口不仅清洁口腔内残留物质，还可以消除饭后食物渣屑所引起的口臭，同时也能够去除因胃肠障碍所引起的口臭。

挑选储藏

优质的太平猴魁茶香醇厚，没有异味，摸上去紧实圆润、有沉重感且干燥，茶叶叶片形状、色泽整齐均匀。一般密封储藏，温度保持在10℃以下。

制茶工序

采摘时间较短，每年只有十五至二十天时间。其制作工序分为杀青、毛烘、足烘、复焙四道。杀青时要求毫尖完整，梗叶相连，自然挺直，叶面舒展。毛烘共四步：一烘使叶子摊匀平伏；二烘使片平伏抱芽，外形挺直；三烘要达到边烘边捺程度；四烘当叶质不能再捺时可下烘摊晾。足烘主要是固定茶叶外形。经过五至六次翻烘，约九成干，下烘摊放。复焙又叫打老火，边烘边翻，切忌按压。待复焙茶冷却后，加盖焊封。

评茶论道

古时一位山民采茶时，忽然闻到一股沁人心脾的清香。环顾四周，什么也没有，再寻觅，发现在突兀峻岭的石缝间长着几株嫩绿的野茶，可无法摘到，但茶之嫩叶和清香始终萦绕其脑海，挥散不去。后来他训练了几只猴子，每到采茶季节，就让它们攀岩采摘。茶叶被人们品尝后啧啧称赞，并称其"茶中之魁"，因该茶叶是猴子采来的，后人便取名"猴魁"。

品茶伴侣

猴魁银耳茶

材料： 太平猴魁5g，银耳、冰糖各20g。

做法： 将茶叶泡后取汁，银耳洗净用砂锅煎服。阴虚者服用后盖上棉被卧床休息，至发汗即可减轻症状。

功效作用： 对阴虚、久咳、发热有一定的疗效。

生活妙用

防辐射： 太平猴魁的细胞壁中含有脂多糖，可以保护视力，吸附和捕捉电脑辐射。

提神： 太平猴魁中含有生物碱，能促使人体的中枢神经系统兴奋，增强大脑皮层的兴奋过程，让人精神振奋。

抗癌： 太平猴魁含有维生素及皂素，能起到防癌抗癌的作用。

🍵 品饮赏鉴

1 茶具准备
玻璃杯或瓷杯1个，太平猴魁2~3g，茶匙，公道杯等。

2 投茶
用茶匙将3g太平猴魁放入紫砂壶中。

3 冲泡
沿壶边冲水至七分满，盖上壶盖，浸泡2分钟左右。

4 分茶
用公道杯将泡好的茶汤倒入茶杯至七分满。

5 赏茶
打开紫砂壶盖，欣赏太平猴魁的茶汤和完整的叶面。

6 品茶
香气高爽，滋味甘醇，有独特的"猴韵"。

绿茶蛋糕

 茶点茶膳

材料： 面粉100g，干酵粉5g，砂糖30g，黄油45g，牛奶1大勺，太平猴魁10g，鸡蛋4个，奶油、香精各少许。

制作：

1. 蛋和砂糖混合并打出泡沫，黄油用微波炉加热融化。

2. 将面粉、黄油、发酵粉、牛奶、奶油香精和太平猴魁粉一起放进蛋液，用力搅拌均匀。

3. 在蛋糕容器上抹点食用油，把搅拌好的面糊倒入容器，表面抹平，后用保鲜膜盖住，放入微波炉加热。

4. 用竹签刺入，如果竹签上不沾液体，即可出炉食用。

口味： 口感松软，滋味鲜美、甜润。

休宁松萝

清热防暑 杀菌消炎

历史名茶之一。创于明代，产自休宁县松萝山，属于炒青散茶。明代袁宏道曾有"徽有送松萝茶者，味在龙井之上，天池之下"的记述。松萝茶园多分布在松萝山六百至七百米之间，气候温和，雨量充沛，常年云雾弥漫，土壤肥沃，土层深厚。由于松萝山地域狭小，松萝茶的生长环境独特，产量受到了一定的限制，加之松萝茶有消积滞油腻、消火、下气、降痰的药用价值，使得产品供不应求。松萝茶以"色绿、香高、味浓"著称。

性状
叶底绿嫩，芽叶均齐成朵。

汤色
色泽绿明。

口味
滋味浓厚，有橄榄香味。

适宜人群
一般人群都可饮用，特殊禁忌者除外。

主要功效
预防脂肪肝，清热解毒，除口臭。

性状特点
条索紧卷匀壮。

饮茶提示

松萝新茶不宜常饮，因存放时间短，多酚类、醇类含量比较多，常饮会腹痛、腹胀等。新茶含活性较强的鞣酸、咖啡因等，饮后易神经系统兴奋，产生四肢无力、失眠等"茶醉"现象。

挑选储藏

优质的休宁松萝以二叶一心为最佳，闻起来香味浓郁，颜色鲜绿有光泽，白毫较少，感觉拿起来有分量且干燥。休宁松萝和其他绿茶一样要保持干燥，密封、避光、低温冷藏。

制茶工序

松萝茶采摘于谷雨前后，采摘标准为一芽一叶或一芽二叶初展。采回的鲜叶均匀摊放在竹匾或竹垫上，并将不符合标准的茶叶剔除。待青气散失，叶质变软，便可炒制，要求当天的鲜叶当天制作完。

评茶论道

休宁松萝是我国著名的药用茶。《本经蓬源》记载："徽州松萝，专于化食。"可看出松萝茶可以消积滞油腻。另据有关资料介绍，徽州休宁一带曾经流行伤寒、痢疾，初染此病的患者，用沸水冲泡松萝茶频饮，三五日即可痊愈；病重者，用炒至焦黄色的糯米，加生姜片、食盐与松萝茶共煮后喝下，也有很好的疗效。休宁松萝较高的药用价值与产量受限，使得休宁松萝弥足珍贵。

品茶伴侣

松萝桂圆茶

材料：休宁松萝2g，桂圆肉20g。

做法：将桂圆肉蒸10分钟左右，与绿茶置于大的茶杯里，加开水冲泡，分3次温服。日服1剂，或隔日1剂。

功效作用：补气养血，滋养肝肾，用于缓解贫血症状。

生活妙用

清热：休宁松萝中含有茶单宁、糖类、果胶和氨基酸等成分，这些物质可以加快排泄体内的大量余热，达到清热消暑的目的。

预防脂肪肝：休宁松萝中的儿茶素可以降低胆固醇吸收，具有很好的降血脂及抑制脂肪肝的功能。

除口臭：休宁松萝中含有叶绿素，其芳香成分能消除口臭。

 品饮赏鉴

1 茶具准备
玻璃杯或瓷杯1个，休宁松萝2~3g，茶匙等。

2 投茶
用茶匙把休宁松萝茶轻轻拨入茶壶内。

3 冲泡
冲茶时水壶有节奏地三起三落，让茶叶在杯中充分翻滚，使茶汤均匀。

4 分茶
将泡好的松萝茶倒入茶杯，七分满即可。

5 赏茶
松萝茶"色重"，得到淋漓尽致的体现；叶底颜色绿嫩。

6 品茶
"香重""味重"飘散，带有橄榄香，回味无穷。

奶香面包

 茶点茶膳

材料：高粱粉250克，高筋面粉500克，鸡蛋1个，牛奶300克，奶粉、绿茶粉、酵母、黄油各适量。

制作：

1. 将除黄油外的材料全部混合，将面团揉光滑后，再加入黄油继续揉到不粘手为止。

2. 将面团分成每个50克的胚子，搓圆发酵30分钟左右。

3. 将发酵好的面包放到烤箱中层，以170℃温度烘烤20分钟左右，出炉后表面刷牛奶即可。

口味：香软可口，茶香宜人。

信阳毛尖

清心明目
提神醒脑

河南著名特产，中国名茶之一，以"细、圆、光、直、多白毫、香高、味浓、汤色绿"的独特风格饮誉中外。采茶期分为三季：谷雨前后采春茶，芒种前后采夏茶，立秋前后采秋茶。谷雨前后采摘的少量茶叶称为"跑山尖""雨前毛尖"，是毛尖珍品。信阳毛尖炒制工艺独特，分生锅、熟锅、烘焙三个工序，用双锅变温法进行。信阳毛尖还具有强身健体、促进脂类物质转化吸收的作用。远销日本、美国、德国、马来西亚、新加坡、中国香港等二十多个国家和地区。

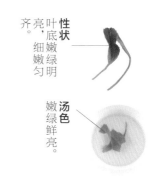

性状 齐亮叶底，细嫩嫩绿匀明。

汤色 嫩绿鲜亮。

口味
滋味甘醇，清香高爽。

适宜人群
一般人群都可饮用，特殊禁忌者除外。

主要功效
提神醒脑，促消化。

性状特点
细秀匀直，显峰苗，鲜绿有光泽。

饮茶提示
一般茶叶的耐泡度主要取决于加工后茶叶的完整性，加工越细，越易泡出茶汁，越不耐泡；反之，越耐泡。茶叶冲泡三次为宜。

挑选储藏

购买信阳毛尖时，一定要让服务生为你泡开，从茶叶的色香味和外形上作一个全面的判断。好的信阳毛尖从干茶外形上看大小一致，白茸满披，色泽翠绿，手感绒滑，过后有许多白茸沾在手上，刚炒制好的鲜茶香气清新高雅。储藏时要密闭冷藏置干燥、无异味处，以冰箱冷藏为佳。

制茶工序

分手工制作和机械制作。前者包括：筛分、摊放、生锅、热锅、初烘、摊晾、复烘、毛茶整理、再复烘九道工序；后者包括：筛分、摊放、杀青、揉捻、解块、理条、初烘、摊晾、复烘九道工序。每年一度的"信阳毛尖手工炒茶大赛"，从"外形、汤色、香气、滋味、叶底"五方面评分，获得业界好评。

茶之传说

信阳官府、财主常欺压百姓，人们为此不但吃不好、穿不暖，还得了瘟病。春姑看着乡亲因瘟病死去，万分焦急。她四处寻医问药，因劳累染上瘟疫晕倒在小溪边。醒来，神农氏送她一粒茶树种子并告诉她："种子须在十天内种进泥土。"为赶时间，神农氏将春姑变成画眉鸟飞回家乡种下树籽。春姑却耗尽心力在茶树旁化成一块鸟形石头。茶树长大后，一群画眉用尖嘴啄下一片片茶叶，放进瘟病人嘴里，病人痊愈，自此有了信阳茶。

品茶伴侣
美肤绿茶

材料：信阳毛尖末3g，软骨素1g。

做法：用沸水冲泡信阳毛尖末，再将软骨素与茶水调和，常饮效果更佳。

功效作用：美艳肌肤，使皮肤富有弹性。

生活妙用

降胆固醇：茶叶中的儿茶素类物质，对人体总胆固醇、游离胆固醇总类脂和甘油三酸脂含量均有明显的降低作用。常饮茶，血液中胆固醇含量比不饮茶要低三分之一左右。

消脂：茶叶中的嘌呤碱、腺嘌呤等生物碱，与磷酸、戊糖等形成核甘酸，核苷酸对含氮化合物进行分解、转化，从而达到消脂作用。

🫖 品饮赏鉴

1 茶具准备
150ml左右的无色玻璃壶或洁白瓷壶1个，信阳毛尖3~5g，茶匙等。

2 投茶
先把杯子预热，用茶匙把信阳毛尖放入玻璃壶中。

3 冲泡
用80℃~90℃水冲泡，第一道水倒掉（除茶土味和漂浮杂物）。

4 分茶
将泡好的毛尖茶倒入茶杯，七分满为宜。

5 赏茶
茶汤清澈明亮，茶芽挺立，茶汤和茶叶相交辉映。

6 品茶
茶香清新高爽，茶味甘甜醇厚。

绿茶香蕉蛋糕　　🍲 茶点茶膳

材料：蛋糕粉5杯，鸡蛋2个，香蕉5个，白糖2杯，牛奶1杯，食用油1杯，水半杯，苏打粉、毛尖茶粉各少许。

制作：

1. 将苏打粉与面粉混合均匀。

2. 将香蕉搅拌成泥，加入白糖和适量的毛尖茶粉。

3. 在碗中打散鸡蛋，加入牛奶、油和香蕉泥拌匀。

4. 将烤盘抹上一层油，调至220℃预热。

5. 将蛋糕糊倒入烤盘中，送入已预热好的烤箱。

6. 用牙签插入试一试，没有东西粘在上面即可取出食用。

口味：香甜酥软，茶香宜人。

华顶云雾

主产区：中国浙江　品鉴指数：★★★★

解之醒脑　抗菌祛脂

产自浙江天台山，以最高峰华顶所产为最佳，素有"雾浮华顶托彩霞，归云洞口茗奇佳"的赞誉，故又称"华顶茶"。山谷气候寒凉，浓雾笼罩，土层肥沃，富含有机物质，适宜茶树生长。茶色泽绿润，且化学成分（如蛋白质、氨基酸、维生素、多酚类等）得以充分蕴蓄，含量比一般茶叶丰富。因此，高山茶色香味好，药用价值也高。冲泡后，香气浓郁持久，滋味浓厚鲜爽，汤色嫩绿明亮，叶底嫩匀绿明，清怡带甘甜，饮之口颊留芳。经泡耐饮，冲泡三次犹有余香。

性状 叶底嫩匀绿明，芽均齐成朵。

汤色 色泽嫩绿明亮。

口味
滋味鲜醇，甘甜。

适宜人群
一般人群都可饮用，特殊禁忌者除外。

主要功效
防龋齿，抗菌消炎，提神醒脑。

性状特点
细紧弯曲，芽毫壮实显露。

饮茶提示

饮酒后，乙醇经胃肠道入血液，在肝脏转为乙醛等，后分解成二氧化碳和水经肾排出。酒后饮浓茶，茶中的咖啡碱有利尿作用，使没有完全分解的乙醛进入肾脏，对其造成危害。

挑选储藏

优质华顶云雾颜色翠碧、鲜润。若茶叶色泽发暗发褐，则茶叶内质有不同程度的氧化，这往往是陈茶；如果茶叶片上有明显的焦点、泡点（为黑色或深酱色斑点）或叶边缘为焦边，这样的华顶云雾质量一般。储藏华顶云雾可用生石灰吸湿贮藏法，即选择密封容器（如瓦缸、瓷坛等），将生石灰块装在布袋并置于容器内，茶叶用牛皮纸包好放在布袋上，密封容器口并放置阴凉干燥处。

制茶工序

由于产地气温较低，茶芽萌发迟缓，采摘期在谷雨至立夏前后。采摘标准为一芽一叶或一芽二叶初展。它原属炒青绿茶，纯手工操作，后改为半炒半烘，以炒为主。鲜叶经摊放、高温杀青、扇热摊晾、轻加揉捻、初烘失水、入锅炒制、低温挥焙等工序制成。

评茶论道

　　盖碗茶，成都创制的一种茶饮，又称盖碗或三炮台。旧时，川人饮用盖碗茶很讲究。品茶时，用托盘托起茶碗，用盖子轻刮半覆，吸吮而啜饮。若把茶盖置于桌面，则表茶杯已空，茶博士即将水续满；若临时离开，只须将茶盖扣置于竹椅上，便不会有人侵占座位。茶博士斟茶也有技巧，水柱临空而降，泻入茶碗，翻腾有声，须臾间，戛然而止，茶水恰与碗口平齐，无一滴溢出，可谓之艺术享受。

品茶伴侣
苹香养血茶

材料：苹果1/2个，华顶云雾2g，果粒3g。

做法：冲泡华顶云雾，加入苹果切片；再加入果粒，搅匀，滤出茶汁即可饮用。

功效作用：经常饮用此茶，可改善贫血状况，常用于辅助治疗营养不良而造成的缺铁性贫血。

生活妙用

护齿固齿：华顶云雾含有矿物质元素氟，氟离子与牙齿的钙质结合，能形成一种较难溶于酸的"氛磷灰石"，使牙齿变得坚固。

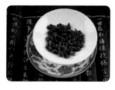

抗菌消炎：华顶云雾含有醇类、醛类、酯类等有机化合物，对人体的各种病菌都有抑制和杀灭的功效，且杀菌的作用机理各不相同。

提神醒脑：华顶云雾含有生物碱，能促使人体的中枢神经系统兴奋，增强大脑皮层的兴奋过程，使人感觉大脑清醒。

品饮赏鉴

1 茶具准备
　　玻璃杯或瓷杯1个，华顶云雾2~3g，茶匙等。

2 投茶
　　用茶匙将华顶云雾茶放入玻璃杯中。

3 冲泡
　　先向杯中注少量的开水，待茶芽舒展，再以高冲法注水。

4 分茶
　　将泡好的华顶云雾依次倒入茶杯中，慢慢品饮。

5 赏茶
　　茶叶舒展，色泽翠绿有神，茶汤清澈、嫩绿。

6 品茶
　　茶香四溢，滋味鲜爽甘醇，耐人回味。

绿茶冷面

茶点茶膳

材料：高筋面粉600g，华顶云雾茶25g，盐少许。

制作：

1. 用一杯开水将茶叶冲泡几分钟，取茶汁冷却备用。

2. 在面粉里放少许盐，加茶汁揉匀后，醒面10分钟，再揉一次，直至面团光滑发亮。

3. 将面团擀成薄片，切成细面条。

4. 把面条煮熟后捞出，放入凉开水中浸泡，待冷却后捞起，食用时依个人口味加入调料。

口味：清香可口，风味怡人。

西山茶

健身防癌　抗菌利尿

产于著名风景区广西桂平西山。西山茶好，取决于树种和优越的自然环境。西山茶地朝东，阳光充足；地势较高，经常云雾缭绕，阳光被雾水折射，形成散射光，使茶叶容易保持幼嫩；土质松软，富含天然磷，有乳泉水灌溉，茶叶生长繁茂。素有"山有好景，茶有佳味"之说。西山茶在立夏前和立秋后采摘。西山茶分为特级、一级、二级，根据茶的等级不同，采摘的要求也不同，但均要保持芽叶完整、新鲜匀净，不夹鳞片、鱼叶，不宜捋采和抓采。

性状
色泽青黛。

汤色
碧绿清澈、明亮。

口味
滋味醇厚，有花果香。

适宜人群
一般人群都可饮用，特殊禁忌者除外。

主要功效
抗菌，提神消乏。

性状特点
条索紧结匀称，苗锋显露。

饮茶提示
女性更年期时，头晕、乏力、易冲动、睡眠不好或失眠、月经功能紊乱，饮茶会加重这些症状，不利于女性顺利度过更年期。但用茶水漱口，口腔清新会使心情清爽舒畅。

挑选储藏

挑选西山茶时我们要看茶叶的外形，是不是让人感觉愉快、舒服，同时也可以检查一下断碎的茶叶是不是很多，是否有发黄发黑的茶叶夹杂在中间，茶叶整体看起来是否有光泽。如果茶叶的视觉效果不好，不要听信商家的忽悠，要相信自己的直觉，马上放弃。西山茶要低温干燥储藏，避免光照，杜绝挤压。

制茶工序

西山茶经摊晾、杀青、揉捻、初干、整形、足干、提香七道工序制成。摊晾时春季七至八小时，夏秋三至四小时。杀青温度200℃~250℃，需四至五分钟。用揉捻机"轻—重—轻"揉捻，约十五分钟。初干时高温快烘，温度110℃~120℃，烘至五六成干。整形时手工炒，每锅投叶零点六千克，锅温50℃~60℃，翻炒至叶热软时，滚撩炒条五至十分钟。足干时低温慢烘，温度70℃~100℃，烘至足干。提香温度由高到低，控制在50℃~70℃。

评茶论道

茶和戏剧有着很深的渊源，戏曲中有一种以茶命名的剧种——采茶戏。除了采茶戏外，在其他的剧种中也有茶文化的渗入。如南戏《寻亲记》第二十三出《茶坊》就是昆剧的传统剧目；郭沫若创作的话剧《孔雀胆》将武夷功夫茶搬上了舞台；老舍的话剧《茶馆》就是以茶馆为背景，反映出了一个家族、一个时代的兴衰。

品茶伴侣
西山定惊茶

材料： 西山茶3g，竹叶、灯心草各2g，蝉衣2g。

做法： 将西山茶、竹叶、灯心草、蝉衣放入锅中煎煮约15分钟，当茶饮用即可。

功效作用： 清心除烦，对小儿夜啼、小儿惊厥、烦躁不安等症有很好的预防和治疗作用。

生活妙用

抗菌： 西山茶中的茶多酚和鞣酸作用于细菌，能凝固细菌的蛋白质，将细菌杀死。可用于治疗肠道疾病，如霍乱、伤寒、痢疾、肠炎等。

利尿： 西山茶中的咖啡碱和茶碱具有利尿作用，用于治疗水肿、水滞瘤。

减肥： 西山茶含有的茶多酚和维生素C能降低胆固醇和血脂，有减肥功效。

 品饮赏鉴

1 茶具准备
透明玻璃杯或瓷杯1个，西山茶2~3g，注水壶，茶匙等。

2 投茶
用茶匙将西山茶从茶仓中取出，将其置入玻璃杯中。

3 冲泡
先向杯中注少量水，浸润干茶，当茶芽舒展，再上下提拉注水。

4 分茶
将泡好的西山茶倒入茶杯，七分满即可。

5 赏茶
茶汤嫩绿明亮，茶叶舒展漂浮，茶香清爽淡雅。

6 品茶
茶香沁人心脾，茶汁鲜醇回甘，令人陶醉。

茶香牛肉

茶点茶膳

材料： 牛肉1000g，西山茶20g，食用油、葱段、姜片各适量，料酒、酱油、白糖、红枣、桂皮、茴香各少许。

制作：

1. 牛肉切成小块，冷水下锅，煮至将沸时，撇去浮沫，改用小火再煮30分钟，捞出洗净。

2. 炒锅烧热，放入植物油，下葱段、姜片和牛肉翻炒一下。

3. 加入西山茶和各种调味品，加清水，用大火烧沸后改用小火焖约1小时，待牛肉熟酥、茶香扑鼻时，再改用大火收汁即成。

口味： 口感酥软，茶香浓郁。

顾渚紫笋

抗菌防癌　瘦身减脂

产于浙江湖州顾渚山一带，因其鲜茶芽叶微紫，嫩叶背卷似笋壳，故而得名。早在唐朝广德年间开始以龙团茶进贡，被称为贡茶中的"老前辈"，茶圣陆羽称其"茶中第一"；明洪武八年，顾渚紫笋不再成为贡品，被改制成条形散茶；清代初年，紫笋茶逐渐消亡；直到改革开放后，才得以重现往昔光彩。在每年清明节前至谷雨期间，采摘一芽一叶或一芽二叶初展，然后经过摊青、杀青、理条、摊晾、初烘、复烘等工序制成。

性状　叶底细嫩成朵。

汤色　清澈明亮，色泽翠绿带紫。

口味

甘鲜清爽，隐有兰花香气。

适宜人群

一般人群都可饮用，特殊禁忌者除外。

主要功效

抗癌，防辐射，抑菌。

性状特点

挺直稍长，色泽翠绿，银毫明显。

饮茶提示

中医认为，四季饮茶要根据各种茶的性味，在不同的季节喝相适应的茶。紫笋茶属绿茶的一种，性味苦寒，最适合在炎炎夏日饮用，取其苦寒之性，消暑解热，生津止渴。

挑选储藏

选购时要注意茶叶新鲜度，新鲜的顾渚紫笋茶或芽叶相抱，或芽挺叶稍展，形如兰花。冲泡后，茶汤清澈明亮，色泽翠绿带紫，味道甘鲜清爽，隐隐有兰花香气。此外，应特别注意制造日期和保存期限，原则上越新鲜越好。家庭贮藏紫笋茶，可采用生石灰吸湿贮藏法。选择密封性能好的茶叶罐，将生石灰装入布袋，茶叶用牛皮纸包好一同放在容器内，置于阴凉干燥处即可。

制茶工序

每年清明至谷雨期间是紫笋茶的采摘期，其标准为一芽一叶或一芽二叶初展。新鲜紫笋茶或芽叶相抱，或芽挺叶稍展，形如兰花。然后经摊青、杀青、理条、摊晾、初烘、复烘等工序制成。顾渚紫笋的鲜叶非常幼嫩，炒制五百克干茶，约需芽叶三万六千个。

评茶论道

顾渚山位于浙江长兴县西北四十五公里处的太湖西岸，是著名茶山。顾渚有处明月峡，悬崖峭壁，瀑布倾泻，此地茶叶品质最佳。当地的金沙泉是煮茶的上佳水品，古有"顾渚茶，金沙水"的说法。顾渚山南麓有处长兴贡茶院，是唐代制作顾渚笋茶的作坊，被称为"顾渚贡焙"，现只留残迹，唯有一碑作纪念。

品茶伴侣

玉米须绿茶

材料： 玉米须100g，顾渚紫笋3g。

做法： 将玉米须用300ml水煎汤，取汁，正热时冲沏顾渚紫笋茶。每日一剂，分3次用温水服用。

功效作用： 利胆、利尿，清热降糖，可用于治疗糖尿病。

生活妙用

抗癌： 美国科学家最新发现常喝的绿茶含有一种高效的生物活性物质，该物质能大大降低前列腺癌的扩散速度，紫笋茶亦有此功能。

防辐射： 紫笋茶中含有防辐射物质，对人体的造血机能有较好的保护作用，可减少电脑辐射产生的危害。

抑菌： 紫笋茶叶有抗菌作用，如由细菌引起急性腹泻时，可喝一点紫笋茶减轻病情。

🍵 品饮赏鉴

1 茶具准备
洗干净的透明玻璃杯1个，顾渚紫笋2~3g，茶匙1个。

2 投茶
用茶匙把顾渚紫笋轻轻投入玻璃杯中。

3 冲泡
注入80℃~90℃矿泉水，让舒展开来的茶芽在玻璃杯中浮动翻腾。

4 分茶
将泡好的顾渚紫笋茶倒入茶杯，七分满即可。

5 赏茶
茶叶慢慢舒展，茶汤嫩绿明亮。

6 品茶
隐有兰花飘香，品之回味鲜爽甘醇。

剁椒鱼头

茶点茶膳

材料： 鱼头1个，青椒、红椒各1个，洋葱、蒜、生姜、葱、鸡精、盐、酱油、食用油、顾渚紫笋茶末、辣椒酱各适量。

制作：

1. 将鱼头洗净，剖开，腌制入味，洋葱、蒜、生姜切片。

2. 炒锅旺火放油，倒入洋葱、蒜、生姜、辣椒等煸香。

3. 将葱、蒜、姜、鸡粉、酱油、茶末、辣椒混合调匀，抹在鱼头上，上笼蒸10分钟；将青红椒切小丁，用油煸炒后洒在鱼头上。

口味： 味美浓郁，辣咸适口。

金山翠芽

主产区：中国江苏　品鉴指数：★★★★

强心利尿 提神醒脑

金山翠芽是江苏省新创制的名茶，以大毫、福云6号等无性系茶树品种的芽叶为原料，发挥现代制茶工艺研制而成。其采摘期为每年谷雨前后，采摘标准为芽苞或一芽一叶初展，芽叶长三厘米左右，制五百克干茶约需三万六千个芽叶。要求芽叶嫩度一致、匀净、新鲜无损。采回的鲜叶薄摊在竹匾内，置于阴凉通风处，经过三小时左右摊放，方可炒制。炒制工艺有初炒、摊晾、复炒三道。金山翠芽扁平匀整，色翠显毫，滋味鲜醇，汤色嫩绿明亮，叶底肥壮、嫩绿明亮。

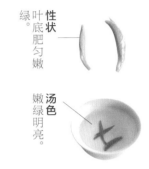

性状 绿叶底肥匀嫩。

汤色 嫩绿明亮。

口味
鲜醇浓厚，苦涩显著。

适宜人群
一般人群都可饮用，特殊禁忌者除外。

主要功效
抑癌，提神醒脑，利尿。

性状特点
扁平挺削匀整，色翠显毫。

饮茶提示

孕妇忌饮茶，尤其不要喝浓烈的金山翠芽。茶叶含大量茶多酚、咖啡碱等，对胎儿在母腹中成长有许多不利因素，所以孕妇应少饮或不饮茶。

挑选储藏

挑选金山翠芽一要看其包装标识，按照《食品通用包装标准》，茶叶包装上必须有品名、执行标准、净重、生产日期、保质期、制造商、地址等；二要看金山翠芽茶外形扁平挺削匀整，色翠显毫，如遇色泽过绿、茸毛过多、汤色浑浊、芽叶细小者，即为伪劣产品。金山翠芽要低温干燥储藏，避免强光照射。

制茶工序

金山翠芽的炒制工序分为初炒、摊晾、复炒三道。一般采用手工炒制，在锅内进行，手法多样，灵活运用，讲求一气呵成。初炒的目的是破坏酶的活性，蒸发水分，理条做形。将茶理直做扁后形状基本形成，干度约七成干时，起锅摊晾；摊晾后开始复炒，炒后继续理条做扁；随茶叶干度增加，锅温下降，轻巧地将茶叶在锅壁滚炒。当茶叶表面扁直平滑，含水量6%左右，起锅摊晾，分筛割末，包装贮藏。

评茶论道

一六○七年，荷兰从澳门贩茶转运欧洲，茶在欧传播开。初运欧洲的茶多绿茶，后多武夷茶、红茶。一六六二年，葡萄牙凯瑟琳公主嫁给英皇查理二世，把饮茶风气带入英国宫廷。十八世纪中叶，英国人早餐较丰盛；午餐较简单，在下午一点左右；晚餐最丰盛，在晚上八点左右。午餐与晚餐相隔较长，斐德福公爵夫人常在下午五时喝茶、吃糕点。贵妇纷纷效仿，下午茶成为时尚。

品茶伴侣

双黄绿茶

材料： 绿茶、生地各15g，黄连、黄苓各3g，升麻18g。

做法： 5种材料加水煎汁即可服用，日服三次。

功效作用： 对治疗偏头痛有一定的疗效。

生活妙用

利尿： 金山翠芽中含有大量咖啡因，它具有很强的利尿作用，不仅可预防肾结石的形成，还可降低胆固醇。

抑癌： 金山翠芽中含有茶多酚，能够抑制和阻断人体内致癌物亚硝基化合物的形成，有较好的防癌抗癌功效。

提神： 金山翠芽含有茶碱和咖啡因，能使大脑皮层兴奋，振奋精神，消除疲劳。

 品饮赏鉴

1 茶具准备
玻璃杯或瓷杯1个，金山翠芽2~3g，茶匙，茶漏斗等。

2 投茶
投置金山翠芽较为特殊，将茶漏斗放在壶口处，然后用茶匙拨茶入壶。

3 冲泡
将80℃~90℃矿泉水注入壶中至泡沫溢出壶口。

4 分茶
将茶汤倒入茶杯中，七分满为宜。

5 赏茶
茶叶在壶中上下翻腾，茶香四溢，茶汤嫩绿明亮。

6 品茶
慢慢细酌，清香润口，脆嫩润喉，回味甘醇。

红烧翠芽大排　 茶点茶膳

材料： 金山翠芽5g，猪排500g，盐、酱油、料酒、味精、白糖等调味品各适量。

制作：

1. 将排骨剁成10厘米长的段，放入各种调料腌30分钟。

2. 将茶叶泡开，捞出茶叶，控干水分。

3. 锅加油，烧至五六成时，放茶叶，炸至香酥时捞出备用。

4. 油温至四成，放入腌好的猪排，炸至金黄色捞出；将油温升至六成，入大排复炸至熟，捞出控油。

5. 锅留底油，待油温至三成时，放入猪排、茶叶，翻匀即可出锅。

口味： 骨肉酥软，香气浓醇。

安化松针

主产区：中国湖南　品鉴指数：★★★★★

减肥降脂 抑菌强心

　　产于湖南安化，外形挺直、细秀、颜色翠绿，形似松树针叶，是我国特种绿茶中针形绿茶的代表。其产区在雪峰山脉北段，属亚热带季风气候区，温暖湿润，土质肥沃，雨量充沛，溪河遍布，非常适合茶树的生长。安化松针采摘较为讲究，在清明前采摘一芽一叶初展的幼嫩芽叶，并且要保证没有虫伤叶、紫色叶、雨水叶、露水叶；此外为保证成品茶的整齐，不能有节间过长或特别粗壮的芽叶。该茶冲泡后香气浓厚，滋味甘醇；茶汤清澈碧绿，叶底匀嫩，耐泡。

性状 整叶底翠绿匀。

汤色 色泽碧绿，清澈明亮。

口味
滋味甜醇，香气浓厚。

适宜人群
一般人群都可饮用，特殊禁忌者除外。

主要功效
降血脂，护齿，防辐射。

性状特点
外形挺直、细秀，形似松树针叶。

饮茶提示
　　安化松针茶和枸杞都是营养品，但两者不宜搭配饮用。因为安化松针所含鞣酸具有收敛吸附作用，它会吸附枸杞中的微量元素，生成人体难以吸收的物质，造成消化不良。

挑选储藏

　　优质外形挺直秀丽，状如松针；翠绿匀整，白毫显露。

　　此外，挑选安化松针时要特别注意"尿素茶"，茶农喷尿素溶液的目的是催化茶叶快长，这样的茶叶质量不合格。安化松针要避免强光照射，要低温储藏，有条件者可密封包装存于-5℃的冰箱中。

制茶工序

　　安化松针八道制作工序：鲜叶摊放、杀青、揉捻、炒坯、摊晾、整形、干燥、筛拣。鲜叶摊放是指将采摘的茶叶，置于阴凉、通风清洁处，使其水分轻度蒸发；手工或杀青机杀青要无红梗、红叶及焦尖、焦边叶；揉捻既要有茶汁溢出，初步成条，又要保护芽叶完整；炒干要求蒸发水分，浓缩茶汁；摊晾要茶叶水分重新分布均匀；整形要求茶叶达到细长、紧直、圆润、色泽翠绿、显毫；干燥用微型烘干机，烘干茶叶用皮纸包好，存入生石灰缸内；筛拣使产品品质规格化，达到包装出厂要求。

评茶论道

中国古人认为，人的肉体死后，灵魂将以鬼神的形式继续生活。于是，专门为死者修建地下墓室，里面摆放生活器具，以供鬼神享用。因此，墓葬茶画的出现也不意外。一九七二年，长沙马王堆出土的西汉墓葬茶画《仕女敬茶图》，为我国古代饮茶文化之久远提供了新的依据。宣化辽墓茶画，画中对碾茶、煮浆、点茶工序和各种茶食用具都有详细刻画，对研究中华茶文化很有帮助。

品茶伴侣
丹参绿茶

材料： 丹参、松针茶、何首乌、泽泻各2~3g，锅1个。

做法： 丹参、松针茶、何首乌、泽泻放入锅里煎制，去渣后即可饮用。

功效作用： 常饮能有效地抑制腰部脂肪的堆积，保持腰部的曲线。

生活妙用

降血脂： 安化松针中的儿茶素具有氧化作用，常期饮用对降血脂、防心血管疾病有很好的帮助。

防辐射： 安化松针含有脂多糖，上班一族长期饮用，有较好的防辐射功能。

护齿： 安化松针中含有氟，如长期用这种茶漱口，不仅能去除口腔异味，还能防蛀固齿。

🫖 品饮赏鉴

1 茶具准备
透明玻璃杯或瓷杯1个，安化松针2~3g，茶匙1个。

2 投茶
用茶匙把茶叶轻轻放入准备好的玻璃杯中。

3 冲泡
按照1：50的比例为干茶注水，待干茶吸水舒展时，再充分注水。

4 分茶
将泡好的茶汤倒入茶杯，七分满为宜。

5 赏茶
汤色清澈碧绿，叶底匀嫩，茶香四溢。

6 品茶
细品慢啜，体会齿颊留芳，滋味甜醇。

茶叶馒头

🍚 **茶点茶膳**

材料： 安化松针新茶3g，面粉20g，发酵粉适量。

制作：

1. 将松针茶泡成浓茶汁晾至35℃，发酵粉放入茶汁中化开。

2. 用发酵水和面，到不粘手并mützt光；用湿布盖好醒面发酵，时间视室温而定，等面团里有均匀小孔时即可。

3. 将发好的面再揉匀，醒一会儿，使面团更光滑。

4. 揉透揉匀后搓成长条，切成方块或揪成剂子揉成圆馒，还可包成各种馅的包子。

5. 锅中加水，馒头置于笼屉上，中火蒸20分钟，取出即可。

口味： 洁白松软，茶香浓郁。

桂林毛尖

主产区：中国广西　品鉴指数：★★★★

防老抗压　抗炎抗癌

产于广西桂林尧山地带。茶区属丘陵山区，海拔三千米左右，园内渠流纵横，气候温和，年均温度18.8℃，年均降水量一千八百七十三毫米，无霜期达三百零九天，春茶期雨多雾浓，有利于茶树生长。毛尖鲜叶于三月开采，至清明前后结束。特级和一级茶要求一叶一芽新梢初展，芽叶要完整无病虫害，不同等级分开采摘，鲜叶不能损伤、堆沤、暴晒。经摊放、杀青、揉捻、干燥、复火提香等工序制作而成。复火提香是毛尖茶的独特工序，即在茶叶出厂前进行一次复烘，达到增进香气的目的。

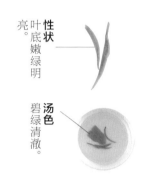

性状　叶底嫩绿明亮。

汤色　碧绿清澈。

口味

滋味醇和鲜爽。

适宜人群

一般人群都可饮用，特殊禁忌者除外。

主要功效

抗氧化，防治高血压。

性状特点

条索紧细，白毫显露，色泽翠绿。

饮茶提示

对于月经期的女性来说，喝绿茶不利于身体健康，还可能给身体带来一定的麻烦。研究表明，绿茶越浓，对铁吸收的阻碍作用就越大，特别是餐后饮茶更为显著。

挑选储藏

优质桂林毛尖茶叶色泽翠绿，条索紧细，白毫显露，香气清高；干茶含硒量较高，每克毛尖茶叶中约含0.146微克的硒。茶叶泡好之后汤色清绿，嫩香持久，滋味鲜灵回甘，叶底翠绿嫩匀。桂林毛尖要保持干燥，密封、低温冷藏，可以放在冰箱内冷藏。避免阳光照射，杜绝外力挤压。

制茶工序

桂林毛尖经采摘、摊放、杀青、揉捻和干燥五道工序制作而成。三月初至清明前后采摘，要求一叶一芽新梢初展，鲜叶不能损伤、堆沤、暴晒。摊放约三至六小时，避免阳光直射。杀青锅温约260℃，投叶量零点五千克，至茶叶清香显露，叶片较干爽卷成条。揉捻经空揉、轻压、空揉、出茶。干燥分毛火和足火两次进行，毛火温度约120℃，约一分钟；足火温度约80℃，约十分钟，反复几次至成茶，含水量控制在6%以内。

茶之传说

相传很早以前石姬仙姑看不惯天上权贵的淫威，离开仙境来到人间，到了井冈山一个小村。村里人都善良好客，拿出他们的上等好茶来接待石姬，她深受感动，就长住了下来。石姬向村民学习种茶与制茶。经过几年努力，石姬种的茶树长势良好，制作的茶叶品质上乘，品起来甘甜可口，销路不断扩大，村民的生活得到了很大的改善。为了纪念石姬的一片诚心，后人就把这个村叫做"石姬村"。

品茶伴侣
木瓜养胃茶

材料： 木瓜干3g，桂林毛尖茶粉2g，煮锅1个。

做法： 将木瓜干放在锅里，加水煎煮；然后用木瓜干水冲桂林毛尖茶粉，每日饭后饮用。

功效作用： 有助于健脾养胃、消食清热。

生活妙用

祛腻： 当饱食油腻食物后，就会胸怀烦闷，郁结不开，这时喝一杯浓浓的桂林毛尖，油腻就会荡涤无余，胸腹豁然清新。

消暑： 茶叶中的生物碱有调节人体体温的作用，在炎热的夏季饮用桂林毛尖热茶，能够起到消暑的作用，这是因为茶叶内的咖啡碱可以带走皮肤表面的热量。

解烟毒： 桂林毛尖中的茶多酚、维生素C等物质可分解尼古丁等有毒物质，吸烟者多饮此茶，可起到解烟毒的功效。

 品饮赏鉴

1 茶具准备
冲洗干净的透明玻璃杯或瓷杯1个，茶匙，2~3g桂林毛尖，茶巾等。

2 投茶
用茶匙将桂林毛尖轻轻置入玻璃杯中。

3 冲泡
用矿泉水冲泡干茶，水温保持在80℃~90℃。

4 分茶
将泡好的茶汤倒入茶杯，慢慢品尝。

5 赏茶
茶叶舒展，叶底完整嫩绿，茶汤清澈明亮。

6 品茶
慢酌细饮，清爽甘醇，茶香飘散。

绿茶苋肉汤

 茶点茶膳

材料： 肉片120g，苋菜150g，排骨块1块，桂林毛尖茶粉、蒜末各1小匙，盐、香油、太白粉、食用油各适量。

制作：

1. 在肉片中加入茶粉、太白粉和香油拌匀。

2. 苋菜去掉粗梗和皮，切成小段。

3. 用油将蒜末炒至爆香，加入水和排骨块煮开。

4. 放入苋菜煮至软后放入拌匀调料的肉片，在锅中搅散，肉熟即可起锅。

口味： 气味香浓，美容降脂。

顶谷大方

主产区：中国安徽　品鉴指数：★★★★

提神醒脑 美容护肤

又称竹铺大方、竹叶大方，产于歙县的竹铺、金川等地，尤以竹铺乡的老竹岭、大方山和金川乡的福泉山所产的品质最优。大方茶园一般在海拔千米以上，山势险峻，峰峦叠嶂，竹木遍植，云雾萦绕，雨量充沛。同时，土质优良，表层乌沙，中层红黄壤，呈酸性，非常适宜茶树的生长。顶谷大方在谷雨前采摘，采摘标准为一芽二叶初展。可采摘春、夏、秋三季，其中春茶最好。顶谷大方对消脂减肥有特效，被誉为茶叶中的"减肥之王"。

性状
芽叶叶底肥嫩壮匀。

汤色
清澈微黄。

口味
滋味醇厚爽口，有板栗香。

适宜人群
一般人群都可饮用，特殊禁忌者除外。

主要功效
消脂减肥，解毒利尿。

性状特点
外形扁平匀齐，挺秀光滑，翠绿微黄。

饮茶提示
睡前不要喝茶，特别是浓茶。茶中咖啡碱含量多，刺激作用大，易导致失眠或睡眠不充分，影响第二天的精神状态。茶叶还有利尿功效，晚上睡前喝茶，会夜尿频繁，影响休息。

挑选储藏

挑选顶谷大方，首先看它的颜色，新鲜的顶谷大方色泽翠绿微黄，有光泽。其次要闻其味，有淡淡的板栗香。如条件允许还可以观察茶汤的颜色和味道，新鲜顶谷大方泡出来的茶汤色泽微黄，有清香，喝时滋味甘醇爽口。储藏顶谷大方时应该注意防潮防高温，避免阳光直射。

制茶工序

顶谷大方的制作工序有系摘、杀青、揉捻、做坯、拷扁、辉锅六道。系摘对鲜叶要求一芽二三叶为主；杀青是将鲜叶倒入锅中，用双手迅速翻拌炒至叶子柔软，起锅；揉捻是用手揉，也可用小型机揉，形成匀直的条形；做坯是将茶叶炒至不粘手时，用烤拍手法做坯当茶半干时，再用手拨捺茶坯，沿锅壁左右转拷捺炒，后起锅摊晾。辉锅方法与拷扁基本相同，但动作宜轻，以防断碎，最后装罐密封贮藏。

评茶论道

早在十七世纪初期，荷兰商人就凭借航海的便利，远涉重洋从中国装运绿茶至爪哇，再辗转运至欧洲。最初，茶只是宫廷社交礼仪中的一种奢侈饮品。之后，逐渐风行于上流社会，人们以茶为尊贵和风雅。现在的荷兰人，赏茶之风犹在，经常以茶会友。上等家庭都有一间茶室，待客时会请客人挑选心爱的茶叶，通常一人一壶。饮茶时，客人为了表示对主妇泡茶技艺的赞赏，通常会发出"啧啧"之声。

品茶伴侣
决明子茶

材料： 顶谷大方3g，决明子10g，冰糖25g。

做法： 先将决明子炒至鼓起备用；沸水冲泡大方茶约300ml，分3次饭后服，每日1剂。

功效作用： 对于治疗夜盲症有较好疗效。

生活妙用

提神： 茶中咖啡碱能促使人体中枢神经兴奋，增强大脑皮层的兴奋过程，起到提神益思、清心的作用。

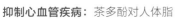

抑制心血管疾病： 茶多酚对人体脂肪代谢有着重要作用。人体的胆固醇、三酸甘油脂等含量高，血管内壁脂肪沉积，形成动脉粥样硬化斑块等心血管疾病，顶谷大方中的茶多酚可预防其发生。

美容： 茶多酚是水溶性物质，用它洗脸能清除面部油腻、收敛毛孔，起到消毒、灭菌、抗皮肤老化，减少日光中的紫外线辐射对皮肤的损伤等作用。

品饮赏鉴

1 茶具准备
干净的透明玻璃杯或洁白瓷杯1个，顶谷大方3g，茶匙1个。

2 投茶
用茶匙把茶叶轻轻倒入玻璃杯中。

3 冲泡
先注入少量矿泉水浸润茶芽，待茶叶舒展，再注入80℃~90℃的开水。

4 分茶
将茶汤倒入茶杯中，七分满为宜。

5 赏茶
舒展开的茶叶匀嫩、肥壮，茶汤黄绿清亮。

6 品茶
缕缕清香扑面而来，细啜后更觉甘泽润喉，齿颊留芳。

茶点茶膳

茶味玉米饼

材料： 玉米粉500g，麦芽糖150g，砂糖、顶谷大方茶粉、油、水各适量。

制作：

1. 将麦芽糖倒入水中混合，再倒入锅中烧开。

2. 糖水沸腾后，倒入玉米粉、茶粉、砂糖，搅拌均匀。

3. 将面团擀成一个个的厚片。

4. 凉油下锅，炸至面饼呈金黄色即可食用。

口味： 口感酥脆，香甜可口。

安吉白片

抗菌防癌　美白减脂

又称玉蕊茶。茶园地处高山深谷，晨夕之际，云雾弥漫，昼夜温差大，土层深厚肥沃，具有得天独厚的茶树生长环境。安吉白片的特异之处在于，春天时的幼嫩芽呈白色，以一茶二叶为最白，成叶后夏秋的新梢则变成绿色。民间俗称"仙草茶"，当地山民视春茶为"圣灵"，常采来治病。二十世纪八十年代，安吉成功研制出白片茶，先后获得首届中国农业博览会铜质奖和杭州国际茶文化优秀奖，远销国内外各地。

性状　叶底成朵，芽叶肥壮，朵朵可辨。

汤色　嫩绿明亮。

口味

滋味鲜爽甘甜。

适宜人群

一般人群都可饮用，特殊禁忌者除外。

主要功效

防癌，抗菌止泻，减脂。

性状特点

条索挺直略扁平，白毫显露。

饮茶提示

不要空腹喝安吉白片。空腹饮茶能稀释胃液，降低消化功能，且引起"茶醉"，导致头晕、心悸、四肢无力、心神恍惚等，这时可吃些水果、糖块，以解茶醉。

挑选储藏

先看茶叶匀度，匀度越好，质量越好。茶叶倒入茶盘，手向一定方向旋转，不同形状的茶叶分出，层次中段茶越多，匀度好为优质茶。其次看茶叶松紧，紧而重实的质量好，粗而松弛、细而碎的质量差；再看净度，有较多茶梗、叶柄等杂质的质量差。避强光，低温干燥，杜绝挤压。

制茶工序

四道工序：杀青、清风、压片、干燥。杀青采用抓、抖、抛三种手势，目的是破坏酶活性，阻止内含物变化和失水。清风的目的是散热保色，清除碎片，保持芽叶完整。压片是定形的关键工序。将清风后的芽叶均匀、不重叠地撒摊在竹匾上，再铺上干净的塑料薄膜，用力揿压，使全部芽叶成片带扁状；干燥分初烘和复烘两个过程，完成后就可摊晾、散热，包装贮藏。

评茶论道

美国不产茶叶，是世界上主要的茶叶进口国家之一，多数都是由我国进口，其中以红茶、绿茶、乌龙茶、花茶居多，近些年，绿茶所占比重呈现逐年上升趋势。随着人们保健意识的逐步增强，茶类饮品逐渐取代了咖啡、可乐等饮品，在美国家庭中冰茶占据着无可取代的位置。冰茶一年四季皆可饮用，炎炎夏日更是人们消暑解渴、恢复体力的最佳选择。

品茶伴侣

瓜蒌抗癌茶

材料： 瓜蒌5g，安吉白片茶2g，甘草3g。

做法： 将三种原料放在锅里加水煮沸，即可取汁饮服，一日两次。

功效作用： 预防肺癌的发生，在治疗中也有辅助作用。

生活妙用

防癌： 安吉白片对某些癌症有抑制作用，但其原理还限于推论阶段。可以肯定多喝茶对预防癌症的发生有正向的鼓励作用。

减脂： 安吉白片含有茶碱及咖啡因，可经由许多作用活化蛋白质激酶及三酸甘油酯解脂酶，减少脂肪细胞堆积，达到减肥功效。

抗菌： 研究显示，安吉白片中的儿茶素对引起人体致病的部分细菌有抑制效果，同时又不致伤害肠内有益菌的繁衍。

 品饮赏鉴

1 茶具准备
茶壶，茶杯，茶匙，2~3g安吉白片。

2 投茶
用茶匙把安吉白片茶倒入茶壶中。

3 冲泡
先注入少量矿泉水浸润干茶，然后再让水流直泻而下。

4 分茶
泡好的茶分倒入茶杯中，七分满为宜。

5 赏茶
汤色清澈明亮，叶底成朵肥壮。

6 品茶
高香持久，滋味清爽甘醇，使人心舒畅。

茶点茶膳

香脆饼干

材料： 糙米粉50g，面粉100g，泡打粉20g，绿茶粉、杏仁、可可粉、鸡蛋、黄油、白糖各适量。

制作：

1. 将糙米粉、面粉和泡打粉加适量的水，搅拌均匀成糊状。

2. 将黄油放入容器中，加入适量白糖、鸡蛋、杏仁、可可粉、绿茶粉。

3. 将两者混匀，放入饼干模具里，烘烤15~20分钟即可食用。

口味： 口感酥脆，香甜可口。

双井绿茶

主产区：中国江西　品鉴指数：★★★★

清热解暑　提神清心

产于江西修水县杭口乡双井村。双井茶已有千年历史，宋时列为贡品，历代文人多有赞颂，北宋文学家黄庭坚曾有"山谷家乡双井茶，一啜犹须三日夸"，并曾把该茶送给他的老师苏东坡。古代双井茶属蒸青散茶类，如今双井茶属炒青茶。双井绿茶分为特级和一级两个品级。特级以一芽一叶初展，芽叶长度为二点五厘米左右的鲜叶制成；一级以一芽二叶初展的鲜叶制成。加工工艺分为鲜叶摊放、杀青、揉捻、初烘、整形提毫、复烘六道工序。

性状　净叶底嫩绿匀

汤色　亮。汤色清澈明

口味

滋味鲜醇爽厚。

适宜人群

一般人群都可饮用，特殊禁忌者除外。

主要功效

消食化痰，去腻减肥，清心除烦。

性状特点

外形紧圆带曲，形似凤爪，银毫披露。

饮茶提示

双井绿茶适宜高血压、高血脂、冠心病、动脉硬化、糖尿病、油腻食品食用过多者、醉酒者饮用。不适宜发热、肾功能不良、心血管疾病、便秘、失眠、孕妇、儿童等。

挑选储藏

优质双井绿茶外形紧圆带曲，形似凤爪，色泽嫩绿，银毫披露。冲泡后，香气清高，隽永持久；滋味鲜醇爽厚。双井绿茶要避免强光照射，低温储藏，有条件者可密封包装存于-5℃的冰箱中。

制茶工序

双井绿茶采摘一芽一叶初展，芽叶为长度二点五厘米左右的鲜叶。经摊放、杀青、揉捻、初烘、整形提毫、复烘六道工序制作而成。摊放时薄摊约二至五小时；铁锅杀青每锅投叶一百五十至二百克，锅温为120℃~150℃，炒至含水58%~60%为杀青适度；稍经揉捻后，即用烘笼进行初烘，烘温约80℃，烘至三成干，转入锅中整形提毫，待茶叶白毫显露，再用烘笼在60℃~70℃下烘焙，烘至茶叶能手捻成末，茶香显露，此时含水量约为5%~6%，趁热包封收藏。

茶之传说

相传江南有位嗜茶如命的老和尚，他和寺外食杂店老板是谜友，俩人喜欢猜谜。一天老和尚突发茶瘾，谜兴大发，就让哑巴徒弟穿着木屐，戴着草帽去找店老板。店老板一看小和尚的装束，立刻明白了，拿给他一包茶叶。原来小和尚就是一道"茶"谜。头戴草帽，即为草字头，脚下穿"木"屐为木字底，中间加上小和尚即为"人"，合为"茶"字。

品茶伴侣
莲子冰糖止泻茶

材料： 莲子2g，双井绿茶3g，冰糖适量。

做法： 莲子用温水泡2小时，加冰糖炖烂；茶叶沸水冲泡取汁备用；炖好的莲子倒入茶汁拌匀即可。

功效作用： 止泻杀菌、养心安神，能调治受凉或饮食不当引起的腹泻。

生活妙用

防辐射： 双井绿茶含茶多酚，茶多酚等活性物质有解毒和抗辐射作用，能有效阻止放射性物质侵入骨髓，被医学界誉为"辐射克星"。

瘦身： 双井绿茶中含有咖啡碱，可以经由许多作用活化蛋白质激酶及三酸甘油酯解脂酶，减少脂肪细胞堆积，达到减肥功效。

降压： 双井绿茶含茶氨酸，茶氨酸可以通过调节脑中神经传达物质的浓度来起到降低血压的作用。

（🍵）品饮赏鉴

1 茶具准备
茶壶，茶匙，茶杯，2~3g双井绿茶。

2 投茶
用茶匙把3g双井绿茶送入茶壶中。

3 冲泡
将优质矿泉水倒入壶中，水温保持在80℃~90℃。

4 分茶
将茶汤倒入杯中，七分满为宜。

5 赏茶
芽叶舒展，肥壮厚实，洁净完整。

6 品茶
滋味鲜浓爽厚，茶香芬芳。

法式茶烙饼

🍲 茶点茶膳

材料： 面粉250g，鸡蛋2个，糖600g，黄油75g，牛奶250ml，双井绿茶汁500ml，朗姆酒1汤匙。

制作：

1. 把面粉倒入容器，留一杯；放糖、鸡蛋，边搅边加水。

2. 随着面团变稠逐渐加入牛奶；充分搅拌后加入黄油和茶汁，待面滑而不粘，再加入朗姆酒。

3. 取锅烙饼；饼烙好后，在饼背面滴一滴硬币大小的黄油，让它溶化吸收，配茶热食即可。

口味： 酥香、甜美、可口，配以果酱、蜂蜜、糖等食用效果更佳。

普陀佛茶

主产区：中国浙江　品鉴指数：★★★★

清心明目　去腻消食

产于浙江普陀山，又称普陀山云雾茶。始于佛教兴盛的唐代，故与佛教有着浓厚的历史渊源，也为传播中华茶文化与佛教文化发挥着不可替代的作用。普陀山地处舟山群岛，属温带海洋性气候，冬暖夏凉，四季湿润，土地肥沃，林木茂盛，日出之前云雾缭绕，露珠沾润，为茶树的生长提供了十分优越的自然环境。其采摘期为每年清明以后三至五天开始，采摘标准要求非常严格，鲜叶为一芽一叶或一芽二叶初展，并且要匀、整、洁、清。

性状
芽叶成朵。

汤色
色泽黄绿明亮。

口味
滋味隽永，爽口宜人。

适宜人群
一般人群都可饮用，特殊禁忌者除外。

主要功效
助消化，降血压，抗癌。

性状特点
外形紧细，卷曲呈螺状形。

饮茶提示

儿童可以适量饮一些淡茶，通过饮茶，可以补充一些维生素和钾、锌等矿物质营养成分。此外，饮茶又有清热、降火的功效，可有效避免儿童大便干结，避免肛裂。

挑选储藏

挑选普陀佛茶要特别注意其色泽，好的普陀佛茶外形紧细，卷曲呈螺状形，色泽绿润显毫，整齐均匀；如锅茶梗、茶末和杂质含量比例较高，茶叶多为次级品。其储藏方法和一般绿茶相似，要低温、干燥储存，避免强光照射。

制茶工序

普陀佛茶的制作工序共五道：杀青、揉捻、起毛、搓团、干燥。炒制时还要注意茶锅洁净，每炒一次茶，须洗刷一次茶锅。此外，该茶从栽种到采制都较为注重洁净，茶树从不施肥，仅耕除杂草，以草当肥。

评茶论道

在中国文学史上，有些茶歌是根据文人的作品配曲而成，流传民间。据皮日休《茶中杂咏序》记载："昔晋杜育有荈赋，季疵有茶歌"，最早是陆羽的茶歌，但已失传。如今能找到的唐代皎然《茶歌》、卢仝《走笔谢孟谏议寄新茶》等几首。另据王观国《学林》等著作可知，至少在宋代，卢仝的《走笔谢孟谏议寄新茶》就配以章曲、器乐而唱了。还有茶歌从民谣演化而来，如明清杭州富阳一带流传的《贡茶鲥鱼歌》，主要表现富阳百姓为贡茶而受到的磨难。

品茶伴侣
蜂蜜润肠茶

材料： 普陀佛茶3g，蜂蜜适量。

做法： 在普陀佛茶中加入少许蜂蜜，用沸水冲泡，每日在饭后饮用即可。

功效作用： 缓解肠胃的干涩，滋润肠胃，促进排便。

生活妙用

抗癌： 普陀佛茶中的抗氧化组合提取物GAT有抑制黄曲霉素、苯并吡等致癌物质的突变作用，还有抑制肿瘤转移的功效。

助消化： 普陀佛茶中的黄烷醇可使人体消化道松弛，净化消化道器官中微生物及其他有害物质，同时还对胃、肾、肝脏有特殊净化功能。

降血压： 茶中一氨基丁酸能松弛血管壁。大多数血压增高受血管紧张素控制，一旦抑制住血管紧张素的活力，就能降压。

品饮赏鉴

1 茶具准备
洗干净的透明玻璃杯1个，普陀佛茶3~4g，茶匙等。

2 投茶
用茶匙把普陀佛茶轻轻投入玻璃杯中。

3 冲泡
用85℃左右的开水冲泡普陀佛茶叶。

4 分茶
将茶汤倒入茶杯中，七分满为宜。

5 赏茶
茶汤嫩绿明亮，芽叶成朵。

6 品茶
茶香清淡高雅，滋味鲜美、浓郁。

鸡茶盖饭

材料： 鸡脯肉8片，鸡蛋1个，小麦粉10g，黄酒20ml，食用油250g，粳米饭、精盐、干紫菜、普陀佛茶细末各适量。

制作：

1. 先将鸡脯肉纵切成丝；用刀背轻轻敲打铺平，撒上精盐和黄酒，放置4~5分钟；鸡蛋打入碗中，加冷水150ml，调入小麦粉，迅速用力搅匀成蛋糊，备用。

2. 锅中放食用油，烧热后将鸡肉丝蘸上蛋糊放入油锅炸熟，捞出放在粳米饭上，再撒上绿茶末、精盐、干紫菜丝即成。

口味： 香浓味美，营养丰富。

雁荡毛峰

抗菌防癌 抗衰美白

产于浙江乐清境内雁荡山的一种烘青绿茶。茶树终年处于云雾荫蔽下，生长于深厚肥沃土壤之中，故又称雁荡云雾。由于地处高山，气温低，茶芽萌发迟缓，采茶季节推迟。采摘的鲜叶经杀青、轻揉、初烘、复烘四道工序制作成茶叶。雁荡山产茶历史悠久，相传在晋代由高僧诺讵那传来；北宋时期，沈括考察雁荡后，雁茗之名传播开来；明代，雁茗列为贡品；新中国成立后，大力发展新茶园，雁荡毛峰品质不断提高，并获得浙江省名茶称号。

性状 叶底嫩匀成朵。

汤色 浅绿明净，香气高雅。

口味
滋味甘醇。

适宜人群
一般人群都可饮用，特殊禁忌者除外。

主要功效
防辐射，抗衰老，抗菌。

性状特点
秀长紧结，色泽翠绿，芽毫隐藏。

饮茶提示

不能过量饮用雁荡毛峰，如过量其所含咖啡碱等物质在体内会堆积过多，超过卫生标准，则易导致中毒，损害神经系统，还会对心脏等造成负担，引发心血管疾病，动脉粥样硬化等。

挑选储藏

优质雁荡毛峰外形紧结、重实、完整、匀净，色泽光润绿翠，茶香清雅。雁荡毛峰避光干燥储藏即可，其贮藏时间较长，有"三年不败黄金芽"之美誉。

制茶工序

制作工序为采摘、杀青、揉捻、烘坯、理条提毫、烘焙。采摘要细嫩匀净，一芽一叶或一芽二叶初展；杀青用平锅，以叶色转暗、叶质柔软、青草气散发完、清香显露为宜；揉捻时双手推揉，用力均匀，轻重结合；理条时手心向下，四指伸直并拢，拇指与四指同时弯曲，将茶叶分量抓在手中，同时抖动手腕和手指让茶叶在手掌中转动，并逐渐从手中出去；烘焙时摊晾叶均匀撒在烘笼上。除茶梗等杂质，冷却装箱贮存。

评茶论道

　　茶与书法的联系更多体现在本质的相似性，即以不同的形式，表现出共同的审美理想、审美趣味和艺术特性。宋代文学家、书法家苏东坡曾以精妙的语言概括茶与书法的关系："上茶妙墨俱香，是其德也；皆坚，是其操也。譬如贤人君子黔皙美恶之不同，其德操一也。"唐代是书法艺术的繁盛期，书法中有很多与茶相关的记载，其中比较有代表性的是唐代著名狂草书家怀素和尚的《苦笋贴》："苦笋及茗异常佳，乃可径来，怀素上"，现藏于上海博物馆。

品茶伴侣
核桃生姜防寒茶

材料：雁荡毛峰15g，核桃仁、葱白、生姜各25g。

做法：上述材料捣烂，用砂锅煎服，服后盖上棉被休息直至发汗。

功效作用：对治疗风寒感冒引起的发热、头痛有一定的功效。

生活妙用

抗菌：雁荡毛峰中的儿茶素对部分细菌有抑制作用，对有益菌的繁衍不会造成伤害，有一定的整肠功能。

防衰老：雁荡毛峰所含的抗氧化剂能抵抗老化。在人体新陈代谢的过程中，过氧化会产生大量自由基，易使人老化，雁荡毛峰所含儿茶素能显著提高SOD的活性，清除自由基。

抗辐射：雁荡毛峰含有茶多酚，茶多酚中的儿茶素能够减轻电脑屏幕对人体的辐射。

品饮赏鉴

1 茶具准备
清洗干净的透明玻璃杯或瓷杯1个，茶匙，雁荡毛峰茶叶2~3g。

2 投茶
用茶匙从储茶罐中取出2~3g雁荡毛峰，将其送入透明玻璃杯或瓷杯中。

3 冲泡
向透明玻璃杯或瓷杯中注入优质矿泉水，温度保持在80℃~90℃。

4 分茶
茶汤分倒入茶杯中，七分满为宜。

5 赏茶
茶叶浮在汤面上不易下沉，汤色浅绿明亮。

6 品茶
茶香浓郁扑鼻；小口细啜，满口溢香。

茶点茶膳

绿茶沙拉笋

材料：竹笋900g，雁荡毛峰茶粉2茶匙，沙拉酱1包，花生粉适量。

制作：

1. 竹笋洗净连外壳用冷水以大火煮开后，改用小火煮约50分钟，去外皮，切成块状装盘。

2. 将茶粉和沙拉酱、花生粉拌匀，置入挤花袋中。

3. 食用前将凉笋取出，用挤花袋将酱料挤在笋块上。

口味：口感清淡，有祛肥腻的功效。

庐山云雾

杀菌解毒　防癌瘦身

产于江西庐山，古称"闻林茶"，明代起称"庐山云雾"。庐山北临长江，南邻鄱阳湖，气候温和，每年近二百天云雾缭绕，为茶树生长提供了良好的自然条件。庐山云雾在清明前后采摘，随着海拔增高，采摘时间相应延迟，采摘标准为一芽一叶。采回鲜叶后，薄摊于阴凉通风处，保持鲜叶纯净，经过杀青、抖散、揉捻、复炒、理条、搓条、拣剔、提毫、烘干九道工序制作而成。庐山云雾冲泡后幽香如兰，饮后回甘香绵，其色如沱茶，却比沱茶清淡，经久耐泡，为绿茶之精品。

性状
芽叶肥匀底成整朵。

汤色
清澈明亮。

口味
味道鲜醇。

适宜人群
一般人群都可饮用，特殊禁忌者除外。

主要功效
助消化，防辐射，防止肠胃感染。

性状特点
条索秀丽，嫩绿多毫。

饮茶提示
女性在哺乳期不宜喝茶。茶中的鞣酸会被胃黏膜吸收，后进入血液循环，产生收敛作用，抑制产妇乳腺的分泌。此外，由于咖啡因的兴奋作用，母亲睡眠不充分，影响母乳效果，也会造成奶汁分泌不足。

挑选储藏

优质庐山云雾芽壮叶肥，白毫显露，色泽翠绿，幽香如兰；如果条件允许可以冲泡，汤色明亮，滋味深厚，鲜爽甘醇，耐冲泡，饮后回味香绵。储藏在冰箱（柜）冷藏室，温度保持在零度以下，避免与有刺激性气味或易挥发性的物质存放在一起。

制茶工序

庐山云雾茶的加工制作十分精细，采用手工制作。初制分杀青、抖散、揉捻、复炒、理条、搓条、拣剔、提毫、烘干等工序，精制去杂、分级、匀堆装箱等工序。每道工序都有严格要求，如杀青要保持叶色绿翠；揉捻要用手工轻揉，防止细嫩断碎；搓条也用手工；翻炒动作要轻。这样才能保证云雾茶的品质优佳。

评茶论道

　　阿根廷人传统的喝茶方式很特别，茶壶里插有一根吸管，家人或朋友们围坐一圈，轮流传着吸茶，边吸边聊。茶水快喝光时，再续上热开水，一直到大家尽兴而散。阿根廷人非常重视茶壶，平民百姓通常使用竹筒或葫芦制成的茶壶。高档的茶壶则像是艺术品，有金属模压的，有硬木雕琢的，有葫芦镶边的，也有皮革包裹的。壶的表层还刻有人物、山水、花鸟等图案，并镶嵌着各种各样的宝石。吸嘴有镀银的，也有带艺术性装饰的。

品茶伴侣
黑芝麻乌发茶

材料： 黑芝麻500g，核桃仁200g，白糖、庐山云雾各适量。

做法： 把黑芝麻、核桃仁拍碎，加入10g白糖，用茶冲服后即可饮用。

功效作用： 常饮此茶可保持头发光滑、滋润，不会变白。

生活妙用

防龋齿： 庐山云雾中的儿茶素可以抑制生龋菌作用，减少牙菌斑及牙周炎的发生。

明目： 庐山云雾所含维生素C等成分，可降低眼睛晶体混浊度，长期饮用，可减少眼睛疾病，起到护眼明目的作用。

醒脑提神： 能促进人体中枢神经兴奋，增强大脑皮层的兴奋过程，起到提神益思、清心的效果。

 品饮赏鉴

1 茶具准备
茶匙1个，2~3g庐山云雾，透明玻璃杯或瓷杯1个，并清洗干净。

2 投茶
用茶匙将庐山云雾置入玻璃杯或瓷杯中。

3 冲泡
向杯中注入开水约至茶杯的3/4，水温保持在95℃为宜。

4 分茶
将泡好的庐山云雾依次倒入茶杯，七分满即可。

5 赏茶
冲泡后碧绿的芽茶在杯中上下沉浮，芽尖向上直立于杯底，淡雅的清香让人顿觉心旷神怡。

6 品茶
品茗时，要小口慢慢吞咽，鼻舌并用，方能品出茶之至醇至香。

茶点茶膳

五香茶花生

材料： 庐山云雾15g，花生豆500g，盐15g，五香粉、鸡精、葱段、姜块、大料各适量。

制作：

1. 将花生豆洗净，捞出备用。

2. 在锅中加水，放入洗好的花生豆和其他材料。

3. 用大火煮至滚烫时，然后转用细火焖熟至酥烂即成。

口味： 滋味醇厚，带有茶香。

涌溪火青

利尿解毒　强心解痉

产于安徽泾县涌溪山一带。属珠茶，有"绿色珍珠"之美誉。茶园土壤为乌沙土，土层深厚，有机质和氨磷钾含量丰富，水质、气候得天独厚，为涌溪火青的优异品质提供了很好的物质基础。其中以涌溪盘坑的云雾爪和石井坑的鹰窝岩地所产茶叶品质最佳，是涌溪火青之极品，另名为龙爪云雾茶和鹰窝岩茶。涌溪火青的采摘期一般自清明到谷雨，采摘八分至一寸长的一芽二叶，芽叶均匀，肥壮而挺直，芽尖和叶尖拢齐且有锋尖。

性状
叶底嫩匀成朵

汤色
色泽黄绿，清澈明亮。

口味
味道醇厚，爽口甘甜。

适宜人群
一般人群都可饮用，特殊禁忌者除外。

主要功效
抑菌，强心解痉，抑制动脉硬化。

性状特点
外形腰圆，色泽墨绿，白毫隐伏。

饮茶提示
感冒发热患者不宜喝茶水，因为发热病人本身身体温度已高于平时，一旦饮用茶水，在茶碱的作用下，患者体温会更高。

挑选储藏
优质涌溪火青外形细圆紧结，颗粒重实，宛如珍珠；特别强调的是涌溪火青的珠形越细质量越佳。储存涌溪火青时可将其放进干燥无味完好的热水瓶中，在瓶口放1小袋干燥剂，然后把瓶口塞盖紧即可。

制茶工序
涌溪火青制造工序分杀青、揉捻、炒头坯、复揉、炒二坯、掰老锅、分筛。全程为二十至二十二小时。杀青要求茶叶不能有泡点和焦边；揉捻要求达到茶叶初步成条和挤出部分茶汁即可；炒头坯要求快速抖炒，散失水分，炒到茶不粘手即可；炒二坯要求茶叶弯卷，形成虾形，即可出锅；掰老锅最关键的工序要求"低温长焙"，颗粒成形，表面光滑，色泽绿润，即可出锅；分筛即用手筛"撩头挫脚"后，即为正品火青。

评茶论道

　　千百年来，数千首题材广泛和体裁多样的茶诗、茶词、茶联成了中国文学宝库中的一枝奇葩。随着茶业的发展和人们饮茶风俗渐盛，唐代涌现了很多以茶为题的诗，如著名诗人皮日休与陆龟蒙写的《茶中杂咏》唱和诗各十首，内容包括《茶坞》《茶人》《茶笋》《茶籝》《茶舍》《茶灶》《茶焙》《茶鼎》《茶瓯》和《煮茶》。宋代饮茶之风更盛，茶诗如苏轼的《次韵曹辅壑源试焙新茶》等。

品茶伴侣
莲子益肾茶

材料： 莲子2g，涌溪火青茶汁500ml，红糖适量。

做法： 把莲子放入锅内煮烂，加入涌溪火青茶汁，加入红糖搅拌均匀，即可饮用。

功效作用： 有补脾止泻、益肾固精、养心安神的功效。

生活妙用

强心解痉： 涌溪火青中的咖啡碱具有强心、解痉、松弛平滑肌的功效，能解除支气管痉挛，促进血液循环，对治疗支气管哮喘、止咳化痰、心肌梗塞等有良好辅助作用。

抗菌： 涌溪火青中的茶多酚和鞣酸，能凝固细菌的蛋白质，将细菌杀死。

抑制动脉硬化： 涌溪火青中的茶多酚和维生素C都有活血化瘀、防止动脉硬化的作用。

🫖 品饮赏鉴

1 茶具准备
清洗干净的玻璃杯或瓷杯1个，茶匙及2~3g涌溪火青。

2 投茶
用茶匙取2g涌溪火青并置入玻璃杯或瓷杯中。

3 冲泡
向杯中注入开水约至茶杯容量的3/4，水温一般保持在75℃~85℃。

4 分茶
茶汤分倒入茶杯中，七分满为宜。

5 赏茶
形似兰花舒展，汤色杏黄明亮。

6 品茶
茶香清雅，味如甘霖，留在唇齿间。

涌溪火青鲜贝

🍲 茶点茶膳

材料： 涌溪火青茶5g，鲜贝50g，鸡蛋清2个，鸡汤200g，盐、鸡精、湿淀粉、玉米粉各适量。

制作：

1. 用开水冲泡茶叶；鲜贝中加入鸡蛋清、玉米粉、鸡精腌制。

2. 倒掉头泡茶汁，再倒水冲泡3分钟左右，取出1/3的茶汁，将剩余茶叶与茶汁放入玻璃杯，并倒置扣入盘中。

3. 锅中放水烧开，将鲜贝下锅，用筷子轻轻滑散，捞出。

4. 锅中放鸡汤、鲜贝、盐、鸡粉；适量湿淀粉浇在盘中杯子旁边；锅洗净，把剩余茶汁下锅烧开，浇入盘中。

口味： 爽口不腻，醇香味浓。

舒城兰花

美容养颜
利尿解乏

产于安徽舒城、通城、庐江、岳西一带，以舒城产量最多，质量最好。舒城兰花茶创制于明末清初。兰花茶名有两种说法：一是芽叶相连于枝上，形似一枚兰花；二是采摘时正值山中兰花盛开，茶叶吸附兰花香，故而得名。一九八〇年舒城县在小兰花的传统工艺基础上，开发了白霜雾毫、皖西早花，一九八七年双双被评为安徽名茶，形成舒城小兰花系列。手工制作兰花茶分杀青和烘焙两道工序；机械制作兰花茶经杀青、揉捻、烘焙三道工序。

成叶
朵底
嫩
绿
。

性状

绿汤
亮**色**
明
净
。

口味

滋味浓醇回甘。

适宜人群

一般人群都可饮用，有特殊禁忌者除外。

主要功效

利尿，美容，抗衰老。

性状特点

芽叶相连似兰草，匀润显毫。

饮茶提示

女性临产期不宜饮茶，其所含咖啡因会引起孕妇心悸、失眠，导致体质下降，严重时导致分娩产妇精疲力竭、阵缩无力，造成难产。

挑选储藏

优质舒城兰花外形均匀，茶叶"光、扁、平、直"。扁针状条索，白毫显露，嫩度好，光泽明亮。其储存方法和一般绿茶储存方法相同，即要低温干燥储藏，避免强光照射，杜绝挤压，有条件者也可以将舒城兰花放入冰箱存储，效果更佳。

制茶工序

舒城兰花的制作工序共三道，分别为杀青、初烘、足烘。杀青要求用三口锅：一锅炒瘪、二锅炒熟、三锅炒细成条。若分两口锅，则要求第一锅炒制时间延长，以保证进度一致、作业协调。杀青适度后，出锅上烘。初烘要求边烘边翻，轻翻勤翻，防止断芽碎枝。当烘至七成干时，摊晾拣剔后，进行足烘，足干后即包装贮藏。

茶之传说

相传李占山想强占兰花，她为此逃到蝙蝠洞。洞旁有棵茶树，兰花摘下鲜叶，炒干去卖。一人买去泡茶，茶香飘扬，引来很多茶客。消息传开，人们说卖茶姑娘是蝙蝠仙姑显灵。李占山派家丁打探，在洞旁看到了兰花，遂将她推下悬崖，强占茶树，把茶叶献给县官，县官又将其献给皇上，皇上品后大悦，并加封县官和李占山。第二年茶树死了，李占山因无茶献上，被砍了头。兰花坠崖的地方，又长出一棵茶树，老百姓取名"兰花茶"。

品茶伴侣

银花青果润喉茶

材料： 金银花2g，舒城兰花茶3g，橄榄1个。

做法： 取适量金银花和兰花茶，再将一枚橄榄切开，共同放入杯中，冲入开水，加盖闷5分钟后饮用。

功效作用： 适用于有慢性咽炎、咽部有异物者。

生活妙用

利尿： 舒城兰花茶叶中的咖啡碱可刺激肾脏，促使尿液迅速排出体外，从而提高了肾脏的滤出率，减少有害物质在肾脏中的滞留时间。

抗衰老： 舒城兰花茶中的单宁可控制人体产生的过氧化脂质，防止人体器官老化。

美容养颜： 舒城兰花中的茶多酚具有很强的水溶性，用它洗脸能清除面部油腻，收敛毛孔，还具有消毒、灭菌、抗皮肤老化、对抗日光中的紫外线辐射等功效。

🍵 **品饮赏鉴**

1 **茶具准备**
舒城兰花，茶匙，透明玻璃杯或瓷杯1个，茶巾等。

2 **投茶**
用茶匙将色泽翠绿的舒城兰花置于玻璃杯中，并注入少量矿泉水浸润茶叶。

3 **冲泡**
将75℃~85℃的沸水冲入杯中，茶叶徐徐下沉。

4 **分茶**
茶汤分倒入茶杯中，七分满为宜。

5 **赏茶**
茶汤鲜绿明净，叶底黄绿成朵。

6 **品茶**
舒城兰花需静品、慢品、细品。一品开汤味，淡雅；二品茶汤味，鲜醇。

🍲 **茶点茶膳**

豆沙包

材料： 面粉600克，豆沙500克，碱、舒城兰花茶粉、酵母各适量。

制作：

1. 将面粉放入盆内，加适量水、茶粉及酵母发酵后，加入碱，揉匀揉透备用。

2. 将面切段，擀成面皮，包入豆沙，捏成圆形。

3. 将包子生坯摆入屉中，用旺火沸水蒸熟即可食用。

口味： 甜软可口，伴有茶香。

敬亭绿雪

主产区：中国安徽　品鉴指数：★★★★

防癌养颜 利尿提神

产于安徽宣州敬亭山。历史名茶，大约创制于明代。《宣城县志》上记载有："明、清之间，每年进贡三百斤。"明代王樨登有诗句："灵源洞口采旗枪，五马来乘谷雨尝。从此端明茶谱上，又添新品绿雪香。"清康熙年间的宣城诗人施润章有诗赞之："馥馥如花乳，湛湛如云液……枝枝经手摘，贵真不贵多。"大约在清末，敬亭绿雪的制法失传。一九七二年，敬亭山茶场恢复生产，一九七六年郭沫若题"敬亭绿雪"，一九七八年研制成功。之后多次获得名茶称号，与黄山毛峰、六安瓜片合称为"安徽三大名茶"。

性状
芽叶相合，叶底细嫩。

汤色
汤色清碧，白毫翻滚。

口味
回味爽口，香郁甘甜。

适宜人群
一般人群都可饮用，特殊禁忌者除外。

主要功效
提神益思，美容养颜，防癌利尿。

性状特点
形如雀舌，挺直饱润。

饮茶提示
茶叶大多属于寒性，空腹喝茶，会使脾胃感觉凉，易产生肠胃痉挛，而且茶叶中的咖啡碱会刺激心脏。我国自古就有"不饮空心茶"之说。

挑选储藏

优质敬亭绿雪光泽明亮，油润鲜活。如有深有浅、黯淡无光，说明茶叶质量不佳。敬亭绿雪可低温干燥存放，有条件者也可放于冰箱中存储，杜绝挤压。

制茶工序

敬亭绿雪于清明之际采摘，标准为一芽一叶初展，长度三厘米，芽尖和叶尖平齐，形似雀舌，大小匀齐。经过杀青、做形、干燥工序制成。杀青即通过高温破坏敬亭绿雪鲜叶的组织，使鲜叶内含物迅速转化；做形指运用推、压、扭、摩擦等作用，使敬亭绿雪形成条状。做形过程依然在破坏叶片组织细胞，促使部分多酚类物质氧化，减少茶的苦涩味，增加浓醇味。干燥要求固定敬亭绿雪的品质，发展其茶香。

茶之传说

相传古代有一位叫绿雪的姑娘，她美丽善良，心灵手巧。绿雪姑娘以制茶谋生，她炒制的茶叶形如雀舌，挺直饱满；冲泡后，汤清色碧，白毫翻滚，茶香更是持久留香，茶客们为此趋之若鹜。后来，城里权势者抢夺茶园并要霸占绿雪姑娘，她坚贞不屈，在和强权势力作斗争无果的情况下，最后跳下万丈悬崖。当地百姓为了纪念她，把敬亭山茶改为"敬亭绿雪"。

品茶伴侣
银花抗癌茶

材料： 金银花5g，敬亭绿雪3g，甘草2g。

做法： 金银花和甘草入锅煎煮10分钟，加敬亭绿雪再次煮沸，稍晾半分钟即可温饮。

功效作用： 抗癌，主要适用于胃癌的辅助治疗。

生活妙用

提神益思： 敬亭绿雪中的咖啡碱能兴奋中枢神经系统，使人保持清醒的头脑，解除疲劳；还能加快血液循环，促进新陈代谢。

利尿： 敬亭绿雪中的咖啡碱可刺激肾脏，促使尿液迅速排出体外，从而提高了肾脏的滤出率，减少有害物质在肾脏中的滞留时间。

美容养颜： 敬亭绿雪中的茶多酚具有很强的水溶性，用它洗脸能清除面部油腻，收敛毛孔，还具有消毒、灭菌、抗皮肤老化、减少日光中的紫外线辐射对皮肤的损伤等功效。

品饮赏鉴

1 茶具准备
清洗干净的透明玻璃杯或瓷杯1个，2~3g敬亭绿雪，茶匙等。

2 投茶
用茶匙将敬亭绿雪倒于杯中，并注入少量水浸润干茶。

3 冲泡
向杯中注入80℃~90℃的沸水，让舒展开来的碧绿茶芽在杯中上下翻腾。

4 分茶
茶汤分倒入茶杯中，七分满为宜。

5 赏茶
叶底鲜嫩，茶汤清碧，白毫翻滚。

6 品茶
香气浓郁，茶味甘醇，唇齿留香。

茶点茶膳

敬亭绿雪肉串

材料： 里脊肉1斤，敬亭绿雪茶末3g，葱段3个，竹签、酱油、糖、太白粉各适量。

制作：

1. 将酱油、糖、太白粉、敬亭绿雪茶末混合搅拌均匀。

2. 将搅拌好的材料放入里脊肉片入味。

3. 用竹签将肉片和葱段间隔串成一串，烤成金黄色即可。

口味： 茶香浓郁，肉嫩香甜。

九华毛峰

主产区：中国安徽　品鉴指数：★★★★

产于佛教圣地安徽九华山区。又称闵园茶、黄石溪茶、九华毛峰，现统称九华佛茶。九华毛峰被当作"佛茶"，深受前来朝圣的广大海外侨胞青睐。史载，九华毛峰初时为僧人所栽，专供寺僧享用，后用于招待贵宾香客。主产区位于下闵园、黄石溪、庙前等地。由于高山气候的缘故，昼夜温差大，而方圆百里人烟稀少，茶园无病虫害，是天然有机生态茶园。成茶分为上、中、下三级。冲泡之时，汤色碧绿明亮，叶底黄绿多芽，冲泡五六次，香味犹在。

性状　叶底黄绿，柔软成朵。

汤色　碧绿明净，香气高长。

口味

滋味浓厚，回味甘甜。

适宜人群

一般人群都可饮用，特殊禁忌者除外。

主要功效

利尿，缓解压力，美容护肤。

性状特点

外形匀整紧细，扁直呈佛手状。

饮茶提示

尿路结石患者不宜饮茶，尿路结石一般情况下是草酸钙结石，茶里含有草酸，会随尿液排泄的钙质而形成结石，若尿结石患者再大量饮茶，会加重病情。

挑选储藏

九华毛峰有三个等级，购买时需仔细挑选：一级最好，为一芽一二叶占80%以上，且无对夹叶；二级次之，为一芽一二叶占60%~80%，允许有少量的对夹叶；三级最次，为一芽一二叶占40%~60%，并有少量初展的一芽三叶。九华毛峰低温干燥储藏，避免强光照射，杜绝挤压。

制茶工序

九华毛峰一般在四月中下旬进行采摘，只对一芽二叶初展的进行采摘，要求无表面水，无鱼叶、茶果等杂质。采摘后的鲜叶，按叶片老嫩程度和采摘顺序摊放待制，经过杀青、做形、烘焙三道工序。其独特之处是做形，利用理条机分二次理条，期间摊晾加压，手工压扁，理条机理直，达到九华毛峰的独特外形。

评茶论道

　　茶，自古以来就被视为圣洁高雅之物，也被赋予各种美誉。唐代宦官刘贞亮就把前人颂茶的内容概括为饮茶"十德"：①以茶散郁气；②以茶驱睡气；③以茶养生气；④以茶驱病气；⑤以茶树礼仁；⑥以茶表敬意；⑦以茶尝滋味；⑧以茶养身体；⑨以茶可行道；⑩以茶可雅志。

品茶伴侣

橄竹乌梅亮嗓茶

材料： 咸橄榄1个，竹叶2g，乌梅1个，九华毛峰3g。

做法： 将咸橄榄、竹叶、乌梅和绿茶都捣碎成末，用沸水冲泡即可代茶饮用。

功效作用： 可以清热解毒，化痰、利咽、润喉。

生活妙用

美容护肤： 九华毛峰所含茶多酚能收敛毛孔，具有消毒、灭菌、抗皮肤老化功能，用它洗脸能清除面部的油腻，同时也能减少日光中的紫外线辐射对皮肤的损伤。

缓解压力： 九华毛峰中含强效抗氧化剂以及维生素C，可以清除体内的自由基，还能分泌出对抗紧张压力的荷尔蒙，放松心情。

利尿： 九华毛峰中的咖啡碱可刺激肾脏，促使尿液迅速排出体外，提高肾脏的滤出率，减少有害物质在肾脏中的滞留时间。

🍵 品饮赏鉴

1 茶具准备
　　九华毛峰，茶匙，透明玻璃杯或瓷杯1个，用清水冲洗干净。

2 投茶
　　用茶匙轻轻将九华毛峰从茶仓中取出，置入杯中。

3 冲泡
　　将热水倒入杯中约至茶杯的3/4处，水温保持在85℃~90℃。

4 分茶
　　茶汤分倒入茶杯中，七分满为宜。

5 赏茶
　　茶芽碧绿与茶水融合，茶汤碧绿明净。

6 品茶
　　细品慢啜，滋味清爽甘甜，茶香四溢。

豇豆豆沙饼　🍵 茶点茶膳

材料： 豇豆100克，面粉100克，豆沙50克，鸡蛋2个，白糖、九华毛峰茶粉、水各适量。

制作：

1. 豇豆清洗干净，切成小丁。

2. 将豇豆用搅拌机绞碎，同时加少许水，倒出后备用。

3. 鸡蛋打发，加适量面粉，搅拌均匀，调成蛋糊，加入打好的豇豆泥后放入豆沙、茶粉和少许白糖搅拌均匀。

4. 平底锅中放少许油，油热后将面糊倒入少许，摊成圆饼状，两面煎熟即可。

口味： 香酥可口，茶香宜人。

石亭绿茶

主产区：中国福建　品鉴指数：★★★★

抗菌防癌　瘦身减脂

石亭绿茶产于福建南安丰州的九日山和莲花峰一带，又名石亭茶。茶区地处闽南沿海，受沿海季风的影响，气候温和，阴晴相间，光照适当，土质肥沃疏松，为茶树生长提供了良好的自然条件。石亭绿茶的生产特点为采制早，登市早，有高山和平地两种。高山石亭绿茶外形条索厚重，色绿有光泽；汤色绿亮，叶底明亮，叶质柔软，滋味浓厚。平地石亭绿茶外形条索细瘦、露筋、轻薄，色黄绿；汤色清淡，叶质较硬，叶脉显露，滋味醇和。

性状
叶底嫩绿，香气似兰花。

汤色
色泽碧绿。

口味
滋味浓厚，回味甘甜。

适宜人群
一般人群都可饮用，特殊禁忌者除外。

主要功效
杀菌消炎，除臭消暑，抗癌瘦身。

性状特点
外形紧结，银灰带绿。

饮茶提示

太烫的绿茶不要饮用，茶水太烫对人的喉咙、食道和胃刺激较强，长期喝烫茶容易导致这些器官的组织增生，产生病变，甚至诱发食管癌等恶性疾病。

挑选储藏

优质石亭绿茶外形紧结重实，色泽银灰带绿。冲泡后汤色清澈碧绿，叶底明翠嫩绿，滋味醇香，有兰花香。储藏要求低温干燥，避免强光照射，不要和有刺激性气味或者挥发性强的物质存放在一起。

制茶工序

石亭绿茶每年清明前开园采摘，谷雨前新茶登市，有"不老亭首春名茶"之说。其鲜叶采摘标准介于乌龙茶和绿茶之间，即当嫩梢长到即将形成驻芽前，芽头初展呈"鸡舌"状时，采下一芽二叶，要求嫩度匀整一致。采摘完成后，要经轻萎润、杀青、初揉、复炒、复揉、辉炒、足干七道工序即可制成成品茶叶。

评茶论道

　　茶和饮食是息息相关的，茶是人们日常生活中不可缺少的饮品，而"民以食为天"，饮食更是人们生存下去的条件。现在的茶馆不仅包括茶饮，还为顾客提供各种精美的菜食、茶点、茶食等，让顾客在品茶的同时，还能品尝到美食，将茶文化和饮食文化很融洽地结合在了一起。茶馆的餐饮功能不仅丰富了其原有内涵，也是新经营模式的一种探索。

品茶伴侣
果汁蜂蜜绿茶

材料：石亭绿茶2g，葡萄10粒，凤梨2片，蜂蜜1小匙。

做法：绿茶开水浸泡7~8分钟；凤梨、葡萄榨汁；榨好的汁和蜂蜜倒入茶水中搅匀。

功效作用：促进肌肤新陈代谢，分解黑色素，让肌肤更加光滑、白皙。

生活妙用

消暑：石亭绿茶中的茶叶碱是一种药物，可以调节人体体温，在炎炎夏日饮用，可以起到消暑作用。

除臭：石亭绿茶中含有黄酮醇，饭后用茶水漱口可清洁口腔内的残留物质，消除口臭。

抗癌：茶多酚能够抑制和阻断人体内致癌物亚硝基化合物的形成，长期饮用有防癌功效。

 品饮赏鉴

1 茶具准备
　　茶匙，3g左右石亭绿茶，透明玻璃杯或瓷杯1个，用清水冲洗干净。

2 投茶
　　用茶匙将石亭绿茶顺着杯子一边缓缓滑入玻璃杯中。

3 冲泡
　　向玻璃杯中注矿泉水至七分满，水温要保持在80℃~90℃，让茶叶在杯中舞动。

4 分茶
　　将泡好的石亭绿茶依次倒入茶杯，稍晾即可品饮。

5 赏茶
　　嫩绿茶芽在碧绿的茶水中如绿云翻滚，袅袅蒸汽飘散开来，清香袭人。

6 品茶
　　分三次入口，慢慢细啜。饮完茶汤后，可将空杯置鼻端闻之，香气依存。

绿茶酸奶

 茶点茶膳

材料：牛奶1袋，石亭绿茶粉3g，酸奶少许。

制作：

1. 将牛奶倒入杯中，微波炉加热，手摸杯壁不烫手为准。

2. 在温牛奶中加入酸奶，用勺子搅拌均匀。

3. 电饭煲加水烧开后，将水倒出断电；奶杯放入电饭煲，盖好锅盖，利用锅中余热进行发酵。

4. 10小时后，低糖酸奶就做好了。

5. 在自制酸奶中加入3g石亭绿茶粉搅拌均匀，即可饮用。

口味：口感细嫩，营养开胃。

遵义毛峰

主产区：中国贵州　品鉴指数：★★★★

抗菌防癌　瘦身减脂

产于贵州遵义湄潭境内，湄潭山清水秀，群山环抱，湄江穿城而过，素有"小江南"之称。茶园依山傍水，山坡上种植着桂花、香蕉梨、柚子、紫薇等芳香植物，香气缭绕，加之湄江蒸腾的氤氲水气，为茶叶品质的形成提供了优越的天然条件。遵义毛峰不仅品质优秀，还有特殊的象征意义：条索圆直，锋苗显露，象征着中国工农红军战士大无畏的英雄气概；满披白毫，银光闪闪，象征遵义会议精神永放光芒；香高持久，象征红军烈士革命情操世代流芳。

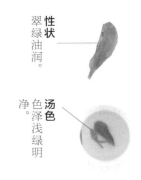

性状
翠绿油润。

汤色
色泽浅绿明净。

口味
滋味清醇爽口。

适宜人群
一般人群都可饮用，特殊禁忌者除外。

主要功效
抗菌，降血脂，瘦身减脂。

性状特点
条索紧细圆直，色泽翠润显白毫。

饮茶提示
　　因寒冷或干燥导致手脚开裂的人，可以用少量的茶叶捣碎，敷在裂口处，再用纱布或医用胶布包扎好，裂口很快就会愈合。

挑选储藏

　　优质遵义毛峰外形紧细圆直，色泽翠润有白毫；冲泡后汤色浅绿明净，味道香醇爽口。遵义毛峰储藏时要保持干燥，不要和烟、酒等刺激性较强的物质存放在一起。此外，要避免强光照射。

制茶工序

　　遵义毛峰采于清明前后，采摘一芽一叶初展或全展，经杀青、揉捻、干燥制作而成。杀青锅温先高后低，当锅温120℃~140℃时，投入二百五十至三百五十克摊放叶，待芽叶杀透杀匀时起锅。揉捻要趁热，揉至茶叶基本成条，稍有粘粘的手感即可。干燥是毛峰茶成形的关键工序，包括揉紧、搓圆、理直三个过程，从而蒸发水分、造形、提毫。锅温的控制、手势的灵活变换是确保成形提毫的重要技术方法。

评茶论道

北宋杭州南屏山麓净慈寺的谦师精于茶事，尤其钟爱品评茶叶，人称"点茶三味手"。苏东坡有诗《送南屏谦师》就是为他而作："道人晓出南屏山，来试点茶三味手。"关于"茶三味"，说法略有不同。陆树声曾在《茶寮记》中说："……僧所烹茶，味绝清，乳面不皲，是具入清净味中三味者，要之此一味，非眠云跋石人，未易领略。"

品茶伴侣
仙鹤草茶

材料： 仙鹤草60g，荠菜50g，遵义毛峰6g。

做法： 将仙鹤草、荠菜、遵义毛峰同煎后饮用，每日1剂，随时饮用。

功效作用： 适用于女性崩漏及月经过多的时候。

生活妙用

瘦身减脂： 遵义毛峰中的茶碱和咖啡因，可以很好地活化蛋白质激酶及三酸甘油酯解脂酶，从而减少脂肪细胞堆积，达到减肥的效果。

防龋齿： 遵义毛峰中的儿茶素可以抑制龋齿，减少牙菌斑及牙周炎的发生。

降血脂： 遵义毛峰中的黄酮醇类，可以防止血液凝块及血小板成团等，常饮该茶能降低血糖、血脂、增强机体免疫能力。

☕ 品饮赏鉴

1 茶具准备
遵义毛峰3g左右，茶匙1个，干净的透明玻璃杯或瓷杯1个。

2 投茶
用茶匙将遵义毛峰轻轻倒入冲洗干净的玻璃杯中。

3 冲泡
先快后慢注入70℃水，约至1/2处，待茶叶完全浸透，再注入八分的水。

4 分茶
将泡好的遵义毛峰茶汤分倒在茶杯中，七分满即可。

5 赏茶
茶芽舒展，叶底翠绿油润；茶汤浅绿明净，赏心悦目。

6 品茶
待茶汤冷热适中时，可小口慢慢品茗，滋味鲜美，回味绵长。

茶汁面包

🍚 茶点茶膳

材料： 面粉700g，酵母25g，白糖60g，食盐20g，奶油60g，发酵粉1g，脱脂乳40g，遵义毛峰10g。

制作：

1. 先将茶叶高温干燥10分钟左右，再以1：10的重量比例加入开水浸泡，并反复搅拌，制成浓茶汁备用。

2. 将面粉、酵母加水500g置入搅拌器内混搅，静置再加白糖、食盐、奶油、发酵粉、脱脂乳、茶汁、水充分搅拌。

3. 将面粉团分割、发酵、整形后，在38℃下发制40分钟。

口味： 芳香可口，风味独特。

紫阳毛尖

主产区：中国陕西　品鉴指数：★★★★

降糖降脂　延缓衰老

也称紫阳毛峰，产于陕西汉江上游、大巴山炉的紫阳县近山峡谷地区。茶区层峦叠峰，云雾缭绕，冬暖夏凉；土壤多为黄沙土和薄层黄沙土，呈酸性和微酸性，矿物质丰富，有机质含量高，土质疏松，通透性良好，适宜茶树生长。近年发现紫阳毛尖富含人体必需的微量元素——硒，具有较高的保健和药用价值，为中外茶叶界人士所喜爱。紫阳毛尖茶采摘紫阳种和紫阳大叶泡的一芽一二叶，其制作较复杂，经杀青、初揉、炒坯、复揉、初烘、理条、复烘、提毫、足干、焙香十道工序制作而成。

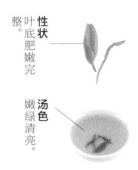

性状　整叶底肥嫩完。

汤色　嫩绿清亮。

口味
滋味鲜醇回甘。

适宜人群
一般人群都可饮用，特殊禁忌者除外。

主要功效
降血糖，降血脂。

性状特点
条索圆紧，肥壮匀整，色泽翠绿，白毫显露。

饮茶提示

冲泡过的茶叶洗净晒干后，可收集做枕头芯。茶叶睡枕具有疏风清热、防止眩晕头痛的作用，长期枕这样的枕头入睡对身体大有裨益。

挑选储藏

优质紫阳毛尖条索圆紧，肥壮匀整，色泽翠绿显毫；如条件允许可以冲泡观看，汤色嫩绿清亮，叶底肥嫩完整，滋味鲜醇回甘。储藏紫阳毛尖时要干燥、避光，远离刺激性气味物体。

制茶工序

紫阳毛尖鲜叶自清明前采摘紫阳种和紫阳大叶泡的一芽一二叶，经杀青、初揉、炒坯、复揉、初烘、理条、复烘、提毫、足干、焙香十道工序制作而成。成茶外形条索圆紧细、肥壮、匀整，色泽翠绿，白毫显露，内质香气嫩香持久，汤色嫩绿、清亮，滋味鲜爽回甘，叶底肥嫩完整，嫩绿明亮。有"紫阳茶富硒抗癌，色香味俱佳，系茶中珍品"的美称。

评茶论道

    清饮即饮用单纯的茶汤，这是古时流传下来饮茶的一种方式。古代人们饮茶时，最初会加入许多作料加以煮煎，如食糖、柠檬、薄荷、芝麻、葱、姜等。到后来，才发展出用沸水冲泡茶叶，然后加以清饮品味的方式，为历代清闲的上层阶级所推崇。而在许多少数民族地区，仍保留着煮茶而食的习惯。清饮有喝茶和品茶之分。喝茶无情趣，品茶有意境。凡品茶者，细啜缓咽，注重精神享受。

品茶伴侣
鲜李茶

材料： 新鲜李子50g，紫阳毛尖3g，蜂蜜适量。

做法： 李子洗净，去核取肉，切成小块，与茶叶放入保温杯，倒入沸水加盖闷泡2分钟，待温热时加蜂蜜。

功效作用： 清热祛湿，柔肝化结；适用于肝硬化、肝腹水等症。

生活妙用

延缓衰老： 紫阳毛尖中含有人体必须的微量元素——硒，人体适时补充硒能起到延缓衰老的功效。

抗菌： 紫阳毛尖中的儿茶素对人体内的一些病菌具有很强的抑制作用，但不会妨碍肠内有益菌的繁衍。

提神： 紫阳毛尖中的咖啡碱是一种含量较高的生物碱，用于药中具有提神醒脑的作用。

 品饮赏鉴

1 茶具准备
    茶匙，紫阳毛尖3g左右，冲洗干净透明玻璃杯或瓷杯等。

2 投茶
    在投茶前先用热水温一下玻璃杯，然后用茶匙将紫阳毛尖置入透明玻璃杯中。

3 冲泡
    先向杯中注入70℃的水，约至杯身1/2处，待茶叶完全浸透，再慢慢注入八分水。

4 分茶
    将紫阳毛尖茶汤倒入茶杯，七分满为宜。

5 赏茶
    茶叶舒展开，叶底肥嫩完整；茶汤嫩绿明亮，交相辉映。

6 品茶
    茶汤冷热适中时可细啜慢品，滋味鲜爽，回味甘甜。

双菇鸡汤

 茶点茶膳

材料： 白菜500g，鲜香菇、蘑菇各50g，食用油、紫阳毛尖茶末各1茶匙，鸡汤200ml，盐1/2茶匙，白胡椒粉1捏，冷水1汤匙。

制作：

1. 白菜洗净，沥干水放入锅中，大火烧开，捞出，沥干水；香菇、蘑菇洗净，切薄片。

2. 锅中放油，油至6成热，加香菇、蘑菇炒3分钟，铲出。

3. 胡椒粉用冷水调匀；原锅放鸡汤、盐、茶末，边煮边搅，直到汤变稀稠；把青菜放入，煮约2分钟，舀出装盘；再将炒好的双菇倒在上面即成。

口味： 色泽光亮，醇厚可口。

开化龙顶

主产区：中国浙江　品鉴指数：★★★★

抗菌利尿 减肥防癌

产于浙江开化大龙山一带，是浙江新开发的优质茶之一，也称龙顶茶。龙顶茶区地势高峻，山峰叠嶂，溪水环绕，气候温和，有"兰花遍地开，云雾常年润"之美称，自然环境十分优越，因此开化龙顶属于高山云雾茶。其外形紧直挺秀，白毫显露，芽叶成朵，非常耐看，有"干茶色绿、汤水清绿、叶底鲜绿"的三绿特征。在清明至谷雨前采摘，选用长叶形、发芽早、色深绿、多茸毛、叶质柔厚的鲜叶，以一芽一叶或一芽二叶为标准，经摊放、杀青、揉捻、烘干等工序制成。

性状 朵叶底匀齐成。

汤色 色泽杏绿明亮。

口味
味道甘爽鲜醇，有兰香、板栗香。

适宜人群
一般人群都可饮用，特殊禁忌者除外。

主要功效
抗菌，利尿，减肥。

性状特点
条索紧结挺直，白毫披露，银绿隐翠。

饮茶提示

古人云："烫茶伤五内。"太烫的茶水会刺激咽喉、食道和胃，长此以往，将引起这些器官的病变。科学研究发现，饮茶的温度宜在5℃以下。所以，忌饮过烫的茶水。

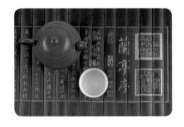

挑选储藏

优质开化龙顶外形紧直挺秀，银绿披毫；香气馥郁持久，有兰花香、板栗香。冲泡后滋味鲜醇爽口，回味甘甜；汤色杏绿清澈、明亮；叶底肥嫩、匀齐成朵。储藏时一定要远离污染源，不和刺激性物质存放，此外还要密封、低温、干燥。

制茶工序

开化龙顶采摘的鲜叶经杀青、揉捻、整形提毫、炒干等工序制作而成。杀青用滚筒杀青机，火候均匀，根据滚筒内的温度调整放入茶叶的数量，用电扇简单筛选和降低出桶茶叶温度。揉捻要趁热，揉至茶叶基本成条，稍有粘手感即可。整形提毫要求文火，去除茶叶表面的茸毛，适当的干度即可出炉。炒干时采用前面制作产生的白碳，这样既节约成本，又没有异味。

茶之传说

相传龙顶潭是一个干潭，一位高僧云游到此，见其周围古木参天，浓荫蔽日，遂在潭边筑屋居住，每日清理此潭。一天，他挖到一块青石，松动后，石缝溢出清水，并隐有隆隆水响。忽然，大石碎裂，石下喷出巨大的水柱，很快溢满了深潭。高僧在潭边辟园种茶，因土质松软肥沃，花草树木遍地，云雾缭绕，茶树终年被香气、雾气缭绕，后练成极品佳茗。

品茶伴侣
姜蜜茶

材料： 开化龙顶5g，生姜6g，蜂蜜适量。

做法： 将开化龙顶、生姜煎汁，加蜂蜜调匀饮用。

功效作用： 有助于润肺、止咳、消炎。

生活妙用

排毒： 开化龙顶中的多酚成分有效压制游离基活动，可改善人体排毒和防御功效。

防癌： 开化龙顶中的黄酮醇类，可以防止血液凝块及血小板成团、降低心血管疾病等，具有防癌、防衰老的功效。

防口臭： 开化龙顶中的儿茶素阻止食物渣屑繁殖细菌，从而有效防止口腔异味。

 品饮赏鉴

1 茶具准备
茶匙1个，开化龙顶3g左右，洗干净的透明玻璃杯1个。

2 投茶
用茶匙将开化龙顶置入透明玻璃杯中。

3 冲泡
为浸润茶芽先向杯中注纯净水，到玻璃杯身一半，10秒钟后再慢慢注入八分水。

4 分茶
将泡好的开化龙顶倒入杯中，七分满即可。

5 赏茶
茶芽逐渐舒展开来，绿叶衬嫩芽，宛如蓓蕾初绽花朵，绚丽秀美。

6 品茶
待茶汤冷热适中，可小口细啜慢咽，味道甜醇，回味绵长。

 茶点茶膳

鸡丝莼菜羹

材料： 鸡胸肉500g，干香菇、笋丝各250g，莼菜100g，开化龙顶茶末50g，盐、酱油、香菜、乌醋、太白粉水各适量。

制作：

1. 将鸡胸肉烫熟后用手撕成丝备用；干香菇泡水后切成丝备用。

2. 取一汤锅，在锅中加入莼菜、香菇丝、笋丝，以大火煮开后加入鸡丝、茶末、盐、酱油。

3. 加入太白粉水勾芡后加入乌醋，装碗放香菜即可。

口味： 肉嫩、味鲜，莼菜爽滑。

第三章　红茶

　　世界上最早的红茶产自我国福建武夷山。红茶属全发酵茶，以茶树的芽叶为原料，经过萎凋、揉捻、发酵、干燥等工艺精制而成。茶汤以红色为主色调，有"红汤、红叶和香甜味醇"的特点。红茶生长在我国的江、浙和两广等地，主要品种有祁门红茶、正山小种等。红茶配以牛奶和糖饮用，能够保护胃粘膜。柠檬红茶更是当下的时尚健康饮品。本章介绍的八种红茶，分布在八个省份，生长环境的差异造就了它们各自的品质特点。

祁门红茶

抗菌解毒　利尿养胃

产于安徽祁门、东至、贵池、石台、黟县以及江西浮梁一带，简称祁红。茶园多分布于海拔一百至三百五十米的山坡与丘陵地带，高山密林成为茶园的天然屏障。这里气候温和，年均气温15.6℃，空气相对湿度80.7%，年降水量一千六百毫米以上，土壤主要由风化岩石的黄土或红土构成，含有较丰富的氧化铝与铁质，极其适于茶叶生长。当地茶树品种高产质优，生叶柔嫩，内含水溶性物质，以八月鲜味最佳。茶区中的"浮梁工夫红茶"是祁红中的良品，以"香高、味醇、形美、色艳"闻名于世。

性状
叶底有鲜红明亮，'果香。有蜜糖。

汤色
红艳明亮。

口味
滋味甘鲜醇厚。

适宜人群
一般人群都可饮用，特殊禁忌者除外。

主要功效
利尿，解毒，抗菌。

性状特点
条索紧细匀整，锋苗秀丽。

饮茶提示

经常饮用加糖、加牛奶的祁红茶有助于消炎、保护胃黏膜，对溃疡也有一定治疗效果。

挑选储藏

优质祁红茶茶芽含量高，条形细紧（小叶种）或肥壮紧实（大叶种），色泽乌黑有油光，茶条上金色毫毛较多；如条件允许可观其汤色，祁红汤色红艳，碗壁与茶汤接触处有一圈金黄色的光圈，俗称"金圈"。祁红可选择铁罐的储藏法，储存前，检查罐身与罐盖是否密闭，不能漏气；将干燥的祁红装罐，然后加密封放于阴凉处。

制茶工序

祁红的采摘期为每年的四至九月份。采摘完的祁红茶按照级别及芽叶的标准和组成比例的不同开始制作，经过萎凋、揉捻、发酵、烘干和精制等工序。精制时，要将原来长短、粗细、直弯不一的毛茶，加以筛分、整形、拼级，使之外形匀齐美观。

评茶论道

在饮茶上，加拿大人喜爱英式热饮高档红茶。这类红茶利用鸡尾酒用的摇茶器，将传统红茶、绿茶或乌龙茶，拌上各式果汁、香料后，经摇拌调制而成。加拿大英属哥伦比亚的温哥华，泡沫红茶不但受华裔学生喜爱，也被当地人关注，甚至比华人更爱喝。加拿大人有较强的保健观念，近年来选择有机茶的人越来越多。红茶受到欢迎，绿茶也逐渐被关注。

品茶伴侣

窈窕素馨茶

材料： 祁红2~3g，素馨花适量。

做法： 将素馨花与祁红放入茶壶中，加入热开水冲泡，约2分钟后泡开即可饮用。

功效作用： 对降脂减肥有一定的功效。

生活妙用

利尿： 在祁红茶中的咖啡碱和芳香物质联合作用下，肾脏的血流量开始增加，提高肾小球过滤率，扩张肾微血管，并抑制肾小管对水的再吸收，促成尿量增加。

解毒： 研究人员发现祁红茶中的茶多碱能吸附重金属和生物碱，并沉淀分解，这对饮水和食品受到工业污染的现代人来说大有帮助。

养胃： 祁红茶是经发酵烘制而成的，其所含茶多酚在氧化酶的作用下发生酶促氧化反应，含量减少，对胃部的刺激性也随之减小了。

祁红牛肉

🍲 茶点茶膳

材料： 牛肉1000g，红茶10g，红枣2个，葱、姜、花椒、八角、红辣椒、盐、糖、油各适量。

制作：

1. 将红茶泡入开水中2分钟，除去茶渣，茶汁备用。

2. 将牛肉用开水洗净，切小块，放入锅内加红茶汁文火炖熟，捞出。

3. 锅内倒油，油八成热时，放入葱花、姜、花椒、八角炒香，倒入煮熟的牛肉，加盐、糖、枸杞炖20分钟即可。

口味： 口感酥软鲜嫩，滋味甘醇。

正山小种

主产区：中国福建　品鉴指数：★★★★

　　"正山小种" 在欧洲最早称武夷，即现在武夷地名的谐音，在英国它是中国茶的象征。后因贸易繁荣，当地人为区别其他假冒的小种红茶扰乱市场，故取名"正山小种"。其制作工序分为传统制法和非传统制法。以传统揉捻机自然产生的红碎茶滋味浓，但产量较低。非传统制法的红碎茶彻底改变了传统的揉切方法。通过两个不锈钢滚轴使叶子全部轧碎呈颗粒状；青叶经萎凋、揉捻、发酵完成后，再用带有松柴余烟的炭火烘干。

香气高长。 叶底欠匀净，**性状**

汤色 艳红明亮。

口味
滋味醇厚，带有桂圆味。

适宜人群
一般人群都可饮用，特殊禁忌者除外。

主要功效
防心梗，抗菌，抗衰老。

性状特点
条索肥壮，紧结圆直。

饮茶提示
　　正山小种也适合调饮，可将鲜牛奶倒入泡好的茶水中，杯中会呈现粉红色，形色优美，滋味香醇。

挑选储藏
　　优质正山小种最独特的是其特殊的桂圆汤味，香气高长，挑选时要认准这一点。正山小种红茶储藏简易，只要常温密封保存即可。因其是全发酵茶，一般存放1~2年后滋味会变得更醇厚甘甜。

品种辨识

叶茶
　　条索紧结匀齐，色泽乌润，内质香气芬芳。

碎茶
　　颗粒重实匀齐，色泽乌润或泛棕，内质香气馥郁，汤色红艳。

片茶
　　木耳形的屑片或皱折角片，色泽乌褐，内质香气尚醇。

末茶
　　沙粒状末，色泽乌黑或灰褐，内质汤色深暗，香低味粗涩。

评茶论道

佛教在汉朝传入我国，从此便与茶结下了不解之缘。茶与佛教修心养性时的要求极为契合，因此，僧人饮茶可助其静心除杂，当然备受喜爱。唐宋时期，佛教盛行，寺必有茶。很多寺院中还专门设有"茶堂"，用来品茶、专心论佛之用。中晚唐时百丈怀海和尚创立《百丈清规》，从此寺院的茶礼已趋于规范。自古名寺出名茶，我国的不少名山寺庙都种有茶树，出产名茶。无论在茶的种植，饮茶习俗的推广，茶宴形式，茶文化对外传播方面，佛教都有巨大贡献。

品茶伴侣

玫瑰乌梅茶

材料：正山小种2~3g，玫瑰花5朵，乌梅3个。

做法：乌梅入锅煮至水沸腾；把乌梅汁冲入泡正山小种的杯中，撒上玫瑰花浸泡后即可饮用。

功效作用：有助于减除腹部脂肪。

生活妙用

抗衰老：美国杂志报道红茶有较强的抗衰老功效，其效果大于大蒜、西兰花和胡萝卜等。

抗菌：用红茶漱口可防滤过性病毒引起的感冒，并预防蛀牙与食物中毒，降低血糖值与高血压。

防心梗：饮用红茶1小时后，测得经心脏的血管血流速度改善，证实红茶有较强的防治心梗的功效。

 品饮赏鉴

1 茶具准备

正山小种3g左右，茶壶，茶杯，茶荷，茶巾，茶匙等。

2 投茶

用茶匙将3g左右的正山小种置入茶壶中。

3 冲泡

用100℃左右的沸水冲泡干茶，冲水约至八分满，时间保持在3分钟左右。

4 分茶

将泡好的正山小种倒入杯中，七分满即可。

5 赏茶

缕缕清香沁人心脾，嫩软红亮的叶底更是赏心悦目。

6 品茶

待茶汤冷热适口时，慢慢小口饮用，用心品茗回味绵长。

红茶鹌鹑蛋

 茶点茶膳

材料：鹌鹑蛋20个，正山小种2g，猪油30g，盐、酱油、姜片各适量，桂皮、大茴香、小茴香各少许。

制作：

1. 将鹌鹑蛋洗净后放清水中，开火，水煮沸后再煮3分钟，然后捞出，浸泡在冷水中至凉。

2. 将蛋壳轻轻捏出裂痕后再放入锅中，加入红茶、猪油、酱油、盐、姜片、桂皮、大茴香、小茴香，水淹过蛋为准。

3. 用大火煮沸，再改用小火至香味四溢时即成。

口味：补虚健脑，香气飘逸。

滇红

利尿杀菌　提神开胃

　　产于云南南部与西南部的临沧、保山、西双版纳等地。云南红茶的统称，有滇红工夫茶和滇红碎茶两种。产地群峰起伏，平均海拔一千米以上；属亚热带气候，年均气温18℃~22℃，昼夜温差悬殊；年降水量一千二百至一千七百毫米；森林茂密，腐殖层深厚，土壤肥沃，茶树高大，芽壮叶肥，生有茂密白毫，即使长至五至六片叶，仍质软而嫩。茶叶中多酚类化合物、生物碱等成分含量，居中国茶叶之首。以中、小叶种红碎茶拼配形成，成品茶有叶茶、碎茶、片茶、末茶四类十一个花色。

性状
叶底红润，匀亮，金毫显。

汤色
色泽红艳，香气甜醇。

口味
滋味鲜爽浓厚。

适宜人群
一般人群都可饮用，特殊禁忌者除外。

主要功效
清热，杀菌，利尿。

性状特点
外形颗粒重实，匀齐，纯净。

饮茶提示
　　滇红多以加糖和奶调和饮用，加奶后香气依然浓烈。高档滇红，茶汤与茶杯接触处常显金圈，冷却后有乳凝状的冷后浑现象，早出现者是质优的表现。

挑选储藏

　　优质滇红茶汤色红艳带金黄圈，如汤色太红，说明其发酵过度，是劣质滇红。此外还要求其味道要纯正香甜，汤色清澈，叶底嫩软红亮。可用干燥无异味密闭的陶瓷坛来储藏滇红，用牛皮纸把茶叶包好，分置于坛的四周，中间嵌放石灰袋1个，将茶叶包放在上面，装满坛后，用棉花包盖紧。石灰隔1~2月更换一次，这种方法利用生石灰的吸湿性能，使茶叶不受潮，效果较好。

制茶工序

　　制作滇红采用优良的云南大叶种茶树鲜叶，先经萎凋、揉捻或揉切、发酵、干燥等工序制成成品茶；再加工制成滇红工夫茶，滋味醇和；又经揉切制成滇红碎茶，滋味强烈富有刺激性。上述各道工序，长期以来均为手工操作。该茶外销俄罗斯、波兰等东欧各国和西欧、北美等三十多个国家和地区。

评茶论道

法国人饮红茶时，习惯于采用冲泡或烹煮的方法，类似于英国人饮红茶的习俗。通常取一小撮红茶或一小包袋泡红茶放入杯内，冲上沸水，再配以糖或牛奶；有的地方会在茶中拌以新鲜鸡蛋，再加糖冲饮的；还曾流行瓶装茶水加柠檬汁或橘子汁；还有的茶水中掺入杜松子酒或威士忌酒，制成清凉的鸡尾酒。在香榭丽舍大街边，细细品味加香红茶已成为一种时尚。

品茶伴侣

怡情西瓜茶

材料： 滇红2~3g，玻璃杯1个，西瓜适量。

做法： 将滇红置入茶杯中，用热水冲泡，西瓜切丁后放入杯中即可饮用。

功效作用： 有助于清热利湿，消脂。

生活妙用

利尿： 肾脏的血流量在滇红所含咖啡碱和芳香物质联合作用下开始增加，提高了肾小球过滤率，扩张肾微血管，对肾小管对水的再吸收起了抑制作用，促成尿量增加。

杀菌： 经实验发现滇红所含的儿茶素类能与单细胞的细菌结合，凝固沉淀蛋白质，以此抑制和消灭病原菌。

清热： 滇红中的多酚类、糖类、氨基酸、果胶等与口涎产生化学反应，且刺激唾液分泌，使口腔觉得滋润，产生清凉感。

 品饮赏鉴

1 茶具准备
滇红3g左右，瓷杯，赏茶盘，茶匙，热水壶等。

2 投茶
用茶匙将滇红置入瓷杯中。

3 冲泡
将100℃左右的沸水注入瓷杯中，让茶叶在瓷杯中上下翻腾。

4 分茶
将泡好的滇红茶倒入杯中，七分满为宜。

5 赏茶
茶芽徐徐伸展，叶底变得嫩软红亮起来，桂圆香味醉人心扉。

6 品茶
伴着醉人的香气，小口慢慢吞咽品茗，滋味鲜爽甘甜，回味绵长。

茶点茶膳

金银花粥

材料： 滇红6g，玫瑰花4g，金银花10g，干草6g，粳米100g，白糖适量。

制作：

1. 先将滇红、玫瑰花、金银花、干草加适量水煎汁去渣，备用。

2. 再加入洗净的粳米，煮成稀粥，然后调入白糖即可。

口味： 清淡香甜，清热减毒，行气止痛。

九曲红梅

杀菌提神　利尿消炎

产于浙江西湖区周浦乡的湖埠、上堡、大岭、张余、冯家、社井、仁桥、上阳、下阳一带，简称"九曲红"。其生长环境为沙质土壤，土地肥沃，四周山峦环抱，林木葱郁，遮避风雪，掩映秋阳；地临钱塘江畔，江水蒸腾，山上朝夕云雾缭绕，极宜茶树生长，故所产茶叶品质优质。经萎凋、揉捻、发酵、干燥四道工序制作而成，品质以大坞山所产居上；上堡、大岭、冯家、张余一带所产"湖埠货"居中；社井、上阳、下阳、仁桥一带"三桥货"居下。

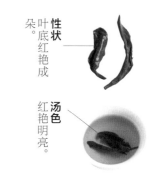

性状 叶底红艳成朵。

汤色 红艳明亮。

口味

滋味浓郁，香气芬馥。

适宜人群

一般人群都可饮用，特殊禁忌者除外。

主要功效

提神，消暑，解毒。

性状特点

条索细若发丝，弯曲细紧如银钩。

饮茶提示

一些爱喝红茶的人认为红茶营养丰富，喜欢连茶渣一起饮用，这是很危险的。因为茶叶中不排除有铅、镉等有害金属物质，其水溶性极小，绝大部分均残留于茶渣之中，会对人体造成伤害。

挑选储藏

优质九曲红梅外形条索紧细、匀齐，金毫多，色泽乌润。如正在挑选的九曲红梅条索粗松，匀齐度差，色泽枯暗则为劣质产品。九曲红梅要低温干燥储藏，避免强光照射。

制茶工序

九曲红梅的制作工序共四道，分别是萎凋、揉捻、发酵、干燥。萎凋是让鲜叶在一定的条件下，均匀地散失适量的水分，减小细胞张力，使叶质变软，为揉捻创造物理条件。揉捻主要指使萎凋叶操卷成条，充分破坏叶细胞组织，让茶汁溢出。发酵主要指在正常的萎凋，揉捻的基础上，形成红茶色香味，增强酶的活化程度，促进多酚类化合物的氧化缩合，形成红茶特有的色泽和滋味。干燥有两种方法即毛火和足火。毛火要求抑制酶的活性，散失叶内水分。足火要求掌握低温慢烤，蒸发水分，发散香气。

茶之传说

相传灵山大坞盆地，有一对年近六十喜得贵子的老夫妻，他们给儿子起名阿龙。一天阿龙见两只溪虾争抢一颗小珠子，觉得好奇，就把珠子捞起含在嘴里，不小心，珠子吞滑到肚子里。到家后，顿觉浑身痱痒难忍，吵着要洗澡，一进浴盆变成一条乌龙飞出屋外，跃进溪里，向远处游去。老两口哭叫着拼命追赶。乌龙留恋双亲，连游九程九回头。于是有了一条九曲十八湾的溪道，一直通往钱塘江。"九曲红梅"（又称"九曲乌龙"）的传说因此传开。

品茶伴侣

冰镇菠萝柠檬茶

材料： 九曲红梅3g，柠檬1片，菠萝汁20ml，白糖50g。

做法： 用沸水冲泡九曲红梅，加入白糖，茶水凉后倒入菠萝汁、柠檬片，加冰即可饮用。

功效作用： 对提神、解除疲劳有一定的功效。

生活妙用

提神： 红茶中的咖啡碱可刺激大脑皮质来兴奋神经中枢，促成提神、集中注意力，让思维更加敏锐。

消暑： 红茶中的多酚类、糖类、氨基酸、果胶等与口涎产生化学反应，刺激唾液分泌，使得口腔滋润，产生清凉感，起到消暑止渴的作用。

解毒： 红茶中的茶多碱能吸附重金属和生物碱，并沉淀分解，进一步起到解毒作用。

🍵 品饮赏鉴

1 茶具准备
瓷杯1个，2~3g九曲红梅，赏茶盘，茶匙，热水壶等。

2 投茶
用茶匙将九曲红梅倒入瓷杯中。

3 冲泡
向瓷杯中注入100℃的沸水，充分浸润茶叶。

4 分茶
将泡好的九曲红梅倒入杯中，七分满即可。

5 赏茶
茶芽徐徐舒展，香气袭人，稍会儿再看叶底嫩软红亮，一片芬芳。

6 品茶
品茶时小口慢慢吞咽，鼻舌并用，品出茶香。

九曲红梅开口笑　　🍲 茶点茶膳

材料： 面粉200g，发粉、九曲红梅茶粉各1小匙，鸡蛋2个，牛奶、食油、糖各1大匙，白芝麻38g，色拉油1000g。

制作：

1. 将糖加水用小火煮溶化；面粉和发粉拌匀；白芝麻泡过水备用。

2. 将糖水、鸡蛋、食油和牛奶倒入已混合的面粉及发粉中，再加茶粉拌匀并撮成小圆球；沾上白芝麻。

3. 加热油锅，倒入小圆球，以小火炸至圆球稍稍裂开，再改以大火炸酥即可。

口味： 酥软香甜，营养丰富。

川红

提神杀菌　养胃抗癌

工夫红茶的一种。较为有名的品种有"林湖""宫殿""节日之夜""早白尖"等。其生长环境为长江流域以南边缘地带，包括宜宾、江律、内江、涪陵四地区及重庆、自贡两市所属部分地区。这里茶树发芽早，比川西茶区早三十九至四十天，采摘期四十至六十天，全年采摘期长达二百一十天以上。秋茶产量占全年的26%~30%。宜宾地区所产川红，出口早，每年四月即可进入国际市场，以早、新取胜。其珍品"早白尖"以早、嫩、快、好的突出特点及优良的品质，在国内外茶界享有盛誉。

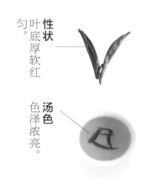

性状 匀叶底厚软红。

汤色 色泽浓亮。

口味
滋味醇厚鲜爽。

适宜人群
一般人群都可饮用，特殊禁忌者除外。

主要功效
舒张血管，抗癌，强壮骨骼。

性状特点
条索肥壮圆紧，显金毫，色泽乌黑油润。

饮茶提示
将红茶与蔬菜、水果、黄油、牛奶、鸡蛋等同时饮用，是合理的饮食习惯，会让身体更加健康，但要注意热量和糖分等不要摄入过量。

挑选储藏
优质川红香气清鲜带橘糖香，条索肥壮圆紧，显金毫，色泽乌黑油润。如条件允许还可通过冲泡来观察其汤色，浓亮红匀的为上等川红。其储存方法要求密封、低温、干燥、杜绝挤压。

制茶工序
川红精选本土优秀茶树品种种植，以提采法甄选早春幼嫩饱满的芽叶。其采摘标准对芽叶的嫩度要求较高，基本上是以一芽二三叶为主的鲜叶制成。生产川红工夫茶的厂家较多，采制情况和条件也有一定的区别，比较常用的制作工序有萎凋、揉捻、发酵、干燥和精制等。成品茶外形条索肥壮圆紧、显金毫，色泽乌黑油润，汤色浓亮，叶底厚软红匀。

评茶论道

我国茶史上，有很多专门研究茶叶的人员，也有许多爱茶人，他们留下的书籍和文献记录了大量关于茶史、茶事、茶人、茶叶生产技术、茶具等的内容，这些书籍和文献被后人称为茶典。我国著名的茶典有：《茶经》《十六汤品》《茶录》《大观茶论》《茶具图赞》《茶谱》《茶解》等。这些茶典为人类提供了有关茶种植生产的科学技术，对现今茶的发展起到了很重要的作用。

品茶伴侣

冬虫夏草茶

材料：冬虫夏草5g，蜂蜜2~3g，川红适量。

做法：将冬虫夏草放入锅中，煎煮半小时左右，再将川红放入锅中，约煮5分钟后，加入蜜蜂调匀即可。

功效作用：对改善体虚症状、强健身体有一定功效。

生活妙用

舒张血管：心脏病患者每天喝4杯红茶，血管舒张度可以从6%增加到10%；常人在受刺激后，舒张度会增加13%。

骨骼强壮：川红中的多酚类有抑制破坏骨细胞物质活力的作用，饮用红茶的人骨骼强壮。

抗癌：红茶的茶多酚同样有抗癌作用，川红的抗癌作用主要发生在细胞增殖分化早期，即DNA合成前期。

 品饮赏鉴

1 茶具准备
2~3g川红，瓷杯，赏茶盘，茶匙，热水壶等。

2 投茶
用茶匙将川红从茶仓中取出置入瓷杯中。

3 冲泡
用沸水冲泡干茶，温度保持在100℃左右为宜。

4 分茶
将泡好的川红倒入茶杯饮用，七分满为宜。

5 赏茶
在沸水的冲泡下，茶芽舒展开来，瓷杯内一片红亮，暗香浮动。

6 品茶
待茶汤冷热适中时，小口慢慢品茗，回味绵长。

川红烧麦

茶点茶膳

材料：猪肉250g，香菇100g，青椒2个，川红茶末3g，面粉、酱油、鸡精各适量。

制作：

1. 先将肉切成末；香菇、青椒剁碎。

2. 糯米浸泡若干小时之后，上笼蒸熟；把面粉和团。

3. 锅中放油；放肉末炒至变色，加香菇和青椒一起翻炒；加盐、茶末、酱油、鸡精和水烧沸；蒸好的糯米倒进去翻炒，汤汁略干即可出锅。

4. 把面擀成圆片加馅包好；放入锅中蒸10分钟即可。

口味：喷香可口，兼有小笼包与锅贴的优点。

宁红

止泻解毒　清暑利湿

　　产于江西修水，位于幕阜、九宫两大山脉间，山多田少，树木苍青，雨量充沛，土质富含腐殖质；春夏之际，浓雾达八十至一百天。茶芽肥硕，叶肉厚软。采摘生长旺盛、持嫩性强、芽头硕壮的蕻子茶，多为一芽一叶至一芽二叶，芽叶大小、长短要求一致。道光年间，宁红茶声名显著；之后，畅销欧美，成为中国名茶；清末战乱，宁红茶受到严重摧残，濒临绝境；解放后，获得很好的恢复和发展，改原来的"热发酵"为"湿发酵"，品质大大提高，深受海外饮茶者喜爱。

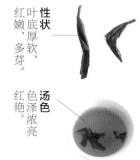

性状
叶底厚软、红嫩、多芽。

汤色
色泽浓亮、红艳。

口味
滋味醇厚甜和。

适宜人群
一般人群都可饮用，特殊禁忌者除外。

主要功效
防心梗，解毒，止泻。

性状特点
茶芽肥硕，叶肉厚软。

饮茶提示

　　不要用宁红茶水服药，因为其茶叶中含有咖啡碱，具有刺激中枢神经系统致兴奋的作用，在服用镇静、安眠药物时会与药效发生冲突，降低药效。

挑选储藏

　　优质宁红茶芽含量较高，条形细紧或肥壮紧实，色泽乌黑有油光，茶条上金色毫毛较多，香气天香浓郁。若条形松而轻，色泽乌稍枯，缺少光泽，无金毫，香气带粗气则为劣质宁红。储藏宁红要求低温干燥密封，条件允许也可放于冰箱中储存。

制茶工序

　　宁红工夫茶的采摘，要求于谷雨前采摘生长旺盛、持嫩性强、芽头硕壮的蕻子茶，通常为一芽一叶至一芽二叶，一般芽叶大小、长短要求一致。经萎凋、揉捻、发酵、干燥后初制成红毛茶；然后再经筛分、抖切、风选、拣剔、复火、匀堆等工序精制而成。宁红成品茶分为特级与一至七级，共八个等级。

评茶论道

日本茶道非常讲究，场所要幽雅，茶叶要精细，茶具要干净，主持人动作要规范，既有节奏感又准确到位。接待宾客时，客人入座后，茶师按规定动作点炭火、煮开水、冲茶或抹茶，然后依次献给宾客。客人要双手接茶，先致谢，尔后三转茶碗，轻品、慢饮、奉还。饮茶完毕，客人要对茶具进行鉴赏和赞美。最后，客人向主人跪拜告别，主人热情相送。

品茶伴侣

宁红果汁茶

材料： 菠萝1/4个，柠檬汁、百香果粒各1匙，糖20g，宁红3g。

做法： 将以上原料放锅中文火加热，煮沸倒入茶杯即可。

功效作用： 能补气营养，有助于增强人体抗病能力。

生活妙用

防心梗： 饮用红茶1小时后，测得经心脏的血管血流速度改善，说明红茶有较强防心梗效用。

解毒： 宁红中所含茶多酚可以与水质中含有的一些重金属元素（如铅、锌、锑、汞等）发生化学反应，产生沉淀，在饮入人体后通过排尿排出体外，这样就减少了毒素在人体内的存留时间。

止泻： 宁红茶叶中含有脂肪酸和芳香酸等有机酸，其具有杀菌的作用，而且茶内的鞣质类成分也具有抗病菌的作用，这样就能达到止泻的目的。

品饮赏鉴

1 茶具准备
瓷杯1个，宁红茶3g左右，茶盘、茶匙、热水壶各1个。

2 投茶
用茶匙将宁红茶从茶仓中取出，轻轻置入瓷杯中。

3 冲泡
向瓷杯中注入100℃的沸水，充分浸泡干茶。

4 分茶
将泡好的宁红茶倒入杯中，七分满即可。

5 赏茶
舒展开来的茶芽在水色亮红的瓷杯中亭亭玉立，香气飘散，芬芳无限。

6 品茶
茶汤冷热适中时，开始细啜慢饮，滋味醇厚甜和，回味绵长。

宁红虾球

茶点茶膳

材料： 虾仁750g，淀粉20g，鸡蛋3个，宁红茶末3g，香菜、小葱各15g，猪油50g，味精、盐各适量。

制作：

1. 将鸡蛋磕入碗，加淀粉、茶末、盐、味精和虾仁，搅匀。

2. 炒锅置旺火，加猪油，烧至七成热，一边用筷子在油锅内顺时针搅动，一边将虾仁糊从高处倒入油锅。

3. 炸至蛋丝酥脆时，迅速用漏勺捞起，沥去油。

4. 用筷子拨松装盘，围上香菜叶、葱白段，即可食用。

口味： 酥脆可口，营养丰富。

红碎茶

主产区：中国广东　品鉴指数：★★★★

利尿防寒　抗菌消肿

　　红碎茶也称分级红茶、红细茶，属于小颗粒型红茶。我国红茶的碎片茶由来已久，即在工夫红茶加工过程中，由于筛切工序自然产生的芽尖、片末茶，经筛分整理为芽茶、碎茶，副茶有花香、茶末及茶梗等。红碎茶是国际茶叶市场的大宗产品，目前占世界茶叶总出口量的80%左右。近三十年来，我国红碎茶生产遍及全国各主要茶区，各种制法的红碎茶均有生产。其制法主要有传统制法、转子制法、C.T.C制法、L.T.P制法等。红碎毛茶经精制加工后有分为叶茶、碎茶、片茶、末茶四类。

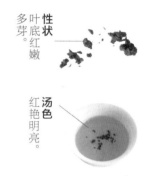

性状
叶底红嫩多芽。

汤色
红艳明亮。

口味
滋味浓烈鲜爽。

适宜人群
一般人群都可饮用，特殊禁忌者除外。

主要功效
抗菌，利尿，防中风。

性状特点
颗粒紧实呈短条状，色泽乌黑油润。

饮茶提示

　　不要喝隔夜的红碎茶。因为时间过久，红碎茶中的维生素C已丧失，茶多酚也已经氧化减少；其营养已大打折扣。此外茶汤暴露在空气中，易被微生物污染，且含有较多的有害物质。

挑选储藏

　　优质红碎茶色泽乌润细致均匀，香气纯香不含异味，手感紧实圆润；冲泡后颜色鲜红明亮。可将红碎茶放在冰箱的冷藏室中，温度调到5℃左右最适宜。在这个温度下，茶叶可以保持很好的新鲜度，一般都可以保存一年以上。

制茶工序

　　传统的红碎茶制作工序经萎凋后，茶坯采用平揉、平切，后经发酵、干燥制成。该类产品外形美观，但内质香味刺激性较小，因成本较高，质量上风格难于突出，目前我国仅很少地区生产。后来出现卧式揉捻机，部分厂（场）联装成自动流水线。将萎叶进卧式揉捻机打条，再经转子机切碎，避免平面揉捻机不利联装的缺点。现在中国大部分国营茶场、茶厂都按此法生产红碎茶。

评茶论道

清代画家浦作英《茶熟菊开图》为后人展现了清新娴雅的品茗环境。画的正中央是一柄大的东坡提梁壶，壶后有一块太湖石，该石大孔小穴、窝洞相套、上下贯穿、四面玲珑，看上去颇为别致。在太湖石后面有两朵盛放的菊花。在画的上方一角有一题款，内容为："茶以熟，菊正开，赏秋人，来不来。"图文相配，相得益彰，意境悠远。

品茶伴侣

菠萝红茶

材料：红碎茶2~3g，菠萝100g，菠萝汁3大匙，柠檬汁1小匙，蜂蜜1大匙。

做法：将菠萝加水煮10分钟，再加其他材料，然后滤汁倒入茶器即可。

功效作用：有助于生津止渴、消暑解渴。

生活妙用

防中风：红碎茶中的类黄酮化合物，其作用和抗氧化剂类似，能防止中风和心脏病。

利尿：红碎茶中的咖啡碱有刺激肾脏的功效。喝茶后，咖啡碱进入体内，刺激肾脏，促使尿液迅速排出体外。

抗菌：红碎茶中的醇类、醛类、酯类、酚类等有机化合物都溶于水中，喝茶后就能将这些物质吸收到体内，从而达到杀菌消炎的功效。

☕ 品饮赏鉴

1 茶具准备

赏茶盘、茶匙、热水壶各1个，清洗干净的瓷杯，3g左右红碎茶等。

2 投茶

用茶匙将红碎茶从茶仓中取出，轻置入瓷杯中。

3 冲泡

向瓷杯中注入100℃的沸水，充分浸泡干茶，摇动瓷杯使茶叶均匀受热。

4 分茶

将泡好的红碎茶倒入茶杯饮用，七分满为宜。

5 赏茶

茶芽缓缓舒展，瓷杯中水色转为亮红，香气飘散，沁人心脾。

6 品茶

待茶汤冷热适中时，小口慢慢吞咽茶汤，颊齿留香，回味无穷。

深井烧鹅

🥣 茶点茶膳

材料：鹅1只，红碎茶粉2g，盐、五香粉、柱侯酱、白糖、沙姜粉、生抽、米醋、麦芽糖各适量。

制作：

1. 将鹅内脏由尾部取出，勿弄破外皮，取出肺及气管洗净，在颈背开小孔吹气。

2. 将盐、五香粉、柱侯酱、白糖、沙姜粉、生抽拌匀，填进肚中，用鹅尾针穿好尾洞。

3. 将米醋、麦芽糖、红碎茶粉用热水搅匀，淋在鹅身上。

4. 用慢火将鹅身焙至干爽，猛火烧25~30分钟至皮脆即可。

口味：色泽金红，味美可口。

宜红

利尿暖胃　消炎抗菌

全称"宜昌工夫红茶"，是我国主要工夫红茶品种之一。宜红问世于十九世纪中叶，当时汉口被列为通商口岸，英国大量收购红茶，宜昌成为红茶的转运站，宜红因此得名。产于武陵山系和大巴山系境内，因古时均在宜昌地区进行集散和加工，所以称为宜红。茶区多分布在海拔三百至一千米的低山和半高山区，温度适宜，降水丰富，土壤松软，非常适宜茶树的生长。宜红于清明至谷雨前开园采摘，以一芽一叶及一芽二叶为主，现采现制，以保持鲜叶的有效成分。

性状 叶底红亮柔软。

汤色 红艳透亮，稍冷有"一冷后浑"的现象。

口味
滋味鲜爽醇甜。

适宜人群
一般人群都可饮用，特殊禁忌者除外。

主要功效
消炎，利尿，暖胃。

性状特点
叶条紧结秀丽，色泽乌润，金毫显露。

饮茶提示
被蜜蜂蛰过的人，可以把茶叶蘸湿捣烂后敷在被蛰处，这样可以有效地杀菌，从而起到消肿、止痛、止痒的作用。

挑选储藏
优质宜红叶条紧结，色泽乌润，金毫显露；冲泡后汤色红艳透亮，滋味鲜爽回甘。宜红要密封、低温（0℃~5℃）、干燥储藏，避免强光照射，杜绝和有异味的物质存放在一起。

制茶工序
宜红于每年清明至谷雨前采摘，以一芽一叶及一芽二叶为主，现采现制，以保持鲜叶的有效成分。宜红茶加工分为初制和精制两大过程。初制包括萎凋、揉捻、发酵、烘干等工序，使芽叶由绿色变成紫铜红色，香气透发；精制工序复杂，需提高茶叶干度，保持其品质，最终制成成品茶。

评茶论道

云南西双版纳的布朗族在举行婚礼的当天，不管穷富人家，女方父母在给女儿的嫁妆中茶树是必不可少的。苍山脚下的白族人在订婚到结婚这段时间，都必须以茶代礼，且在婚礼这天，新郎新娘还要对前来闹洞房的人敬上三道茶，象征"一苦二甜三回味"。三道茶献罢，人们方可闹房。少了这一程序，便有不欢迎客人的意思。

品茶伴侣

佛手柑茶

材料：佛手柑15g，宜红茶、白糖各适量。

做法：将佛手柑、宜红茶、白糖沸水冲泡即可饮用。

功效作用：有助于健脾养胃、理气止痛。

生活妙用

抗菌：宜红中的黄酮类化合物具有杀除食物毒菌、抗流感病毒的作用。

防癌抗癌：宜红中的茶黄素是一种有效的自由基清除剂和抗氧化剂，具有抗癌、抗突变的作用，对改善和治疗心脑血管疾病等症状有很好的疗效。

减痛：感冒时喉咙疼痛，可以用红茶漱口以杀灭咽喉细菌，减轻病痛。

🍵 品饮赏鉴

1 茶具准备

2~3g宜红茶，青花茶荷1个，冲洗干净的水晶玻璃杯，茶匙，茶巾等。

2 投茶

用茶匙将茶荷中的茶叶轻轻倒入水晶玻璃杯中。

3 冲泡

先向水晶玻璃杯中冲入少量开水浸润茶芽，10秒钟后以高冲法冲入70℃开水。

4 分茶

将泡好的宜红茶倒入茶杯饮用，七分满为宜。

5 赏茶

吸收了水分后茶芽逐渐沉入杯底，条条挺立，轻盈灵动，观之尘俗尽去，生机无限。

6 品茶

以闲适无为的情怀细啜慢品，方能品出茶中的物外高意。

黄金糊塌子

材料：西葫芦500~600g，面粉200g，鸡蛋3个，宜红末5g，葱、香菜各少许，香油、味精、五香粉、食用油各适量。

制作：

1. 西葫芦洗净用擦床擦成细丝；葱、香菜洗净切碎备用。

2. 鸡蛋打泡后倒入盆内，放入香油、味精、食盐、茶末、五香粉，加水搅拌成糊状。

3. 把不粘锅烧热，撒少许食用油，将搅拌的糊状食材盛一勺倒入锅内，用铲子摊平。底面焦黄时，用铲子翻过来，该面焦黄即可出锅食用。

口味：味道鲜美，风味独特，老幼皆宜。

第四章　黑茶

　　黑茶是我国的特有茶类，属后发酵茶，采用原料较粗老，是压制紧压茶的主要原料。经杀青、揉捻、渥堆、干燥制作而成。茶汤暗褐色，有"黑叶、褐汤、松烟香味"的特点。生长在我国川、桂和两湖等地，主要品种有湖南黑茶、湖北黑茶、六堡茶等。黑茶有很强的祛肥腻、解荤腥的功效，对我国以主食牛、羊肉和奶酪，饮食中缺少蔬果的西北少数民族而言，常饮黑茶能帮助消化；而黑茶富含的维生素和矿物质，又能保证人体营养均衡。黑茶作为种类茶和原料茶，有它的特殊饮用群体，本章对黑茶图文并茂的阐述，揭开了它的神秘面纱。

普洱散茶

抗老美容　护齿养胃

　　产于云南思茅、西双版纳、昆明和宜良地区的一种条形黑茶，又称"云南普洱茶"。普洱散茶是普洱茶在制作过程中未经过紧压成型，茶叶状为散条形，分为用整张茶叶制成的索条粗壮肥大的叶片茶和用芽尖部分制成的细小条状的芽尖茶。其又可分为高、中、低三个档次，级别高的芽多，级别低的叶多梗多。此外，普洱茶不同于其他的茶贵在新，普洱茶贵在"陈"，往往会随着时间而逐渐升值，因此普洱茶被称为"可入口的古董"。

性状 叶底褐红，均匀。

汤色 色泽红浓，明亮。

口味
滋味醇厚回甘。

适宜人群
一般人群都可饮用，特殊禁忌者除外。

主要功效
护齿，抗老，美容。

性状特点
状为散条，索条粗壮肥大。

饮茶提示

　　普洱茶有暖胃功效。多数饮酒过度的人都会有胃寒的毛病，平日应酬多的人每天饮用普洱茶，可以起到暖胃作用，从而有助于胃部保健。

挑选储藏

　　有些商人为掩盖普洱茶的气味，会加入菊花等花香。选购普洱茶时若看到普洱茶中掺有菊花，或闻起来有花香，说明茶叶品质不纯正。普洱茶要放于空气流通处，恒温储藏，此外，还要注意周围环境不要有异味，否则茶叶是会变味的。

制茶工序

　　普洱茶有生茶和熟茶两种。生茶是以符合普洱茶产地环境条件下生长的云南大叶种茶树鲜叶为原料，经萎凋、杀青、揉捻、晒干、蒸压、干燥成型制成的散茶及紧压茶。熟茶是以符合普洱茶产地环境条件的云南大叶种晒青茶为原料，采用渥堆工艺，经后发酵加工形成的散茶和紧压茶。

评茶论道

据《三国志·吴志·韦曜传》记载，吴国第四代皇帝孙皓（二四二至二八三年），嗜酒好饮。每次设宴，客人都不得不陪他喝酒，"虽不尽入口，皆浇灌取尽"。但朝臣韦曜例外，他博学多闻，深得孙皓器重，但酒量小。所以孙皓常常为韦曜破例，一发现韦曜无法拒绝客人的敬酒，就"密赐茶，以代酒"，这是我国历史记载中发现最早"以茶代酒"的案例。

品茶伴侣
普洱蜜茶

材料： 普洱茶3g，蜂蜜适量。

做法： 将普洱茶放入杯中，注入沸水，根据个人口味加入蜂蜜。

功效作用： 长期饮用有助于养颜、降脂。

生活妙用

护齿： 普洱茶中含有许多生理活性成分，具有杀菌消毒作用，可去除口腔异味，保护牙齿。

抗老： 茶叶中的儿茶素类化含物具有抗衰老的作用。云南大叶种茶所含儿茶素含量高于其他茶树品种，抗衰老作用优于其他茶类。

美容： 普洱茶被海外人士誉为"美容茶"，其能调节新陈代谢，促进血液循环，调节人体的自然平衡和体内机能，有美容的效果。

1 茶具准备
紫砂壶，茶杯，普洱散茶5g左右，茶匙，茶巾等。

2 投茶
用茶匙将普洱茶置入紫砂壶，茶叶约占壶身的1/5。

3 冲泡
第一泡湿润茶芽后倒出；第二泡浸泡15秒即可倒出品尝；第二、三泡的茶汤可混着喝；第四泡后，每增加一泡浸泡时间增加15秒，依此类推。

4 分茶
把公道杯中匀好的茶汤依次倒入品茗杯，七分满即可。

5 赏茶
随着沸水的冲泡，汤色开始变得红浓明亮起来，叶底褐红均匀。

6 品茶
普洱茶是一种以味道带动香气的茶，香气藏在味道里，感觉较沉。

普洱煨牛腩

茶点茶膳

材料： 牛腩300g，普洱茶2g，胡萝卜、白萝卜各半个，牛肉汁3碗，青菜、洋葱、色拉油、淀粉、米酒、糖各适量。

制作：

1. 将洋葱切块；胡萝卜及白萝卜去皮，切成球状；普洱茶叶以开水泡10分钟，滤出茶汤备用。

2. 将牛腩以开水氽汤洗净，加入茶汤、洋葱及调味料，茶汤淹过材料即可；煮1小时，取出切成方块状。

3. 取锅，色拉油1匙，略热，放牛肉汁、牛腩，加适量糖、茶汤，中火至汤汁收干，加入淀粉勾芡排盘。

4. 两种萝卜球加牛肉汁煮入味，青菜烫熟，排在盘边。

口味： 汤汁丰富，味道鲜香。

湖南黑茶

主产区：中国湖南　品鉴指数：★★★★

抗菌 降压 解毒 降脂

产于湖南省的各种黑茶的统称。湖南黑茶兴起于十六世纪末期。史上最盛时期的黑毛茶产量，是光绪年间的年产十四万至十五万担。现在黑茶产量已超过五十万担，比一九五〇年增加了四倍以上。其成品茶有"三尖""四砖""花卷"三个系列，湖南省白沙溪茶厂的生产历史最为悠久，品种也最为齐全。湖南黑茶经杀青、初揉、渥堆、复揉、干燥等五道工序制作而成。随着人们生活水平的提高和对茶叶保健功能的逐步认识，黑茶逐渐成为人们首选的健康饮品。

性状
叶底黄褐。

汤色
色泽橙黄。

口味
滋味香醇，带松烟香。

适宜人群
一般人群都可饮用，特殊禁忌者除外。

主要功效
抗菌，降压，解毒。

性状特点
条索紧卷、圆直，色泽黑润。

饮茶提示
　　湖南黑茶中的咖啡碱是一种兴奋剂，能对人的中枢神经系统起到兴奋作用，很容易导致失眠或者睡眠不充分，故睡前不要喝。

挑选储藏
　　优质湖南黑茶有发酵香，老茶有陈香，紧压砖面完整，有清晰的条纹，侧面无裂缝，无木质化白梗。湖南黑茶要通风避光存放。此外，因其茶叶具有极强的吸异性，故不能与有异味的物质混放在一起。

品种辨识

黑砖
　　香气纯正，滋味浓厚带涩，汤色红黄稍暗。

花砖
　　香气纯正，滋味浓厚微涩，汤色红黄，叶底老嫩匀称。

茯砖
　　香气纯正，滋味醇厚，汤色红黄明亮，叶底黑褐尚匀。

湘尖
　　色泽乌润，内质香气清香，滋味浓厚，汤色橙黄，叶底黄褐。

茶之传说

在三国时期，军师诸葛亮带着士兵来到西双版纳，但是很多士兵因为水土不服眼睛失明了。诸葛亮知道后，就将自己的手杖插在了山上，结果那个手杖立刻就长出枝叶，变成了茶树。诸葛亮用茶树上的茶叶泡成茶汤让士兵喝，士兵很快就恢复了视力。此后，这里的人们便学会了制茶。现在，当地还有一种叫"孔明树"的茶树，孔明也被当地人称为"茶祖"。

品茶伴侣

薄荷戒烟茶

材料：太子参15g，薄荷9g，小苏打5g，湖南黑茶、红糖各适量。

做法：将4种材料焙干，研为粉末，用蒸锅蒸熟备用；适量粉末加黑茶和红糖沸水冲泡即可。

功效作用：有助于清热减毒，排除尼古丁等有害物质。

生活妙用

抗菌：黑茶汤色的主要组成成分是茶黄素和茶红素，其对毒芽杆菌、肠类杆菌、金黄色葡萄球菌、荚膜杆菌、蜡样芽孢杆菌有较强的抵抗作用。

降压：湖南黑茶中特有的氨基酸能通过活化多巴胺能神经元，起到抑制血压升高的作用。

解毒：黑茶中的茶多酚对重金属毒物有较强的吸附作用，多饮黑茶可缓解重金属的毒害作用。

 品饮赏鉴

1 茶具准备

紫砂壶，茶杯，茶刀，湖南黑茶5g左右，茶匙，茶巾等。

2 投茶

将5g左右的湖南黑茶置入紫砂壶中。

3 冲泡

将沸水（温度保持在100℃）注入紫砂壶中，加盖浸泡1~2分钟。

4 分茶

把公道杯中匀好的茶汤依次倒入品茗杯，七分满即可。

5 赏茶

茶芽慢慢舒展，松烟香随之飘散，汤色橙黄明亮；滋味醇厚。

6 品茶

待茶汤冷热适中时，小口啜饮，滋味醇厚，回味绵长。

孔府茶烧肉

🍚 **茶点茶膳**

材料：湖南黑茶6g，带皮骨的猪肋肉350g，葱丝15g，姜末10g，精盐2.5g，料酒20ml，花生油、花椒油各少许。

制作：

1. 将带皮骨的猪肋肉剁成核桃大小的块，洗净并控去水；茶叶放入茶杯内，冲入开水泡闷好，备用。

2. 在炒勺内放入花生油烧热，再投葱丝、姜末煸出味儿；然后放入猪肋肉块、精盐、料酒翻炒至半熟，加入茶汁水改用小火烧熟；最后放入茶叶略拌炒一下，随即淋以花椒油即成。

口味：香高味鲜，茶香宜人。

六堡茶

减脂抗老　消暑降压

　　原指产于广西苍梧县六堡乡的黑茶，后发展到广西二十余县。制茶史可追溯到一千五百多年前，清嘉庆年间就已被列为全国名茶。茶叶多种植在山腰或峡谷，距村庄远达三至十公里，林区溪流纵横，山清水秀，日照短，终年云雾缭绕，为茶树生长提供了优越的自然条件。采摘一芽二三叶，经摊青、低温杀青、揉捻、渥堆、干燥制作而成。人们为了便于存放六堡茶，通常将其压制加工成圆柱状、块状、砖状、散状等。分为特级、一至六级，主销两广、港澳地区，外销东南亚。

性状
叶底红褐色。

汤色
色泽浅绿。

口味
滋味浓醇甘和，有槟榔香气。

适宜人群
一般人群都可饮用，特殊禁忌者除外。

主要功效
降血压，助消化，抗衰老。

性状特点
条索紧结，色泽黑褐，有光泽。

饮茶提示

　　如果冲泡好的六堡茶茶汤口感"紧"或者"涩"，可以将茶片剥散或者摊开，待其自然"回润"后再饮用，这样有助于增加茶叶的滋味及香气。

挑选储藏

　　优质六堡茶有不同程度的苦涩，但苦在口里会很快转化为甘甜生津，会让人有"峰回路转"的愉悦。如果苦味持续，让人品饮中觉得不快，觉得难受，不管商家怎么巧舌如簧地推销，也不要购买。储藏六堡茶时要剥开其外包装棉纸、宣纸或牛皮纸，然后存入瓷瓮或陶瓮内，瓮不必密盖，可略为透气。此外，要远离厨房及有怪味处。

制茶工序

　　六堡茶的制作工序分为筛选、拼配、渥堆、汽压制成型、陈化六道工序。筛选要求将毛茶筛分、风选、拣梗。拼配要按品质和等级要求进行分级拼配。渥堆要求根据茶叶等级和气候条件，进行渥堆发酵，适时翻堆散热，叶色变褐发出醇香。汽蒸要求渥堆适度，茶叶经蒸汽蒸软，形成散茶。压制成型即趁热将散茶压成篓、砖、饼、沱等形状。陈化要求清洁、阴凉、干爽。

评茶论道

中国茶德，由原浙江农业大学茶学系教授庄晚芳先生所提倡。其含义是：廉俭育德，美真康乐，和诚处世，敬爱为人。

清茶一杯，推行清廉，勤俭育德，以茶敬客，以茶代酒，大力弘扬国饮。

清茶一杯，茗品为主，共品美味，共尝清香，共叙友情，康乐长寿。

清茶一杯，德重茶礼，和诚相处，以茶联谊，美好人际关系。

清茶一杯，敬人爱民，助人为乐，器净水甘，妥用茶艺，茶人修养之道。

品茶伴侣

六堡橘茶

材料： 六堡茶2g，干橘皮2g。

做法： 沸水冲泡，温饮即可。

功效作用： 对清热消炎、化痰止咳有一定的功效。

生活妙用

抗衰老： 六堡茶中含有较多复杂类黄酮，可清除自由基，具有抗氧化、延缓细胞衰老的作用。

助消化： 六堡茶中的咖啡碱具有刺激作用，能提高胃液的分泌量，增进食欲，帮助消化。

降血压： 六堡茶中的咖啡碱和儿茶素能软化血管，通过血管舒张使血压下降。

☕ 品饮赏鉴

1 茶具准备

清洗干净厚壁紫陶壶，特质茶刀，六堡茶8g左右等。

2 投茶

用特质茶刀取六堡茶，将其置入洁净紫砂壶中。

3 冲泡

向紫陶壶中注入150~200ml沸水，加盖闷5秒钟。

4 分茶

将泡好的六堡茶依次倒入茶杯，七分满即可。

5 赏茶

舒展开来的茶叶浸泡在橙黄明亮汤色中，陈香阵阵袭来。

6 品茶

分汤洗盏第一泡不饮。从第二泡开始品茗，滋味醇和爽口；可反复冲泡饮用，至茶味淡极为止。

茶熏鸡腿

☕ 茶点茶膳

材料： 新鲜鸡腿6个，茶叶10g，大米、糖、葱、姜、柠檬片、老抽各适量。

制作：

1. 鸡腿洗净，晾干水，加入盐和干柠檬片搅拌，让味道进入鸡腿使肉质更加嫩滑。

2. 把开水倒进锅里，火调到最小，然后放入葱、姜。

3. 在锅里加入老抽；把鸡腿放进水中浸泡，慢慢浸熟。

4. 把米炒香，然后在锅里铺上锡纸；把炒好的米、茶叶、适量糖及五香粉放在锡纸上。

5. 把鸡腿放在架子上，盖上盖；用大火熏制5分钟即可食用。

口味： 熏香浓郁，味道鲜美。

湖北黑茶

主产区：中国湖北　品鉴指数：★★★★

抗老抑癌　杀菌消炎

湖北各种黑茶的总称。据唐·杨晔《膳夫经手录》记载，唐朝时，安华所产渠江薄片，已远销湖北江陵、襄阳一带。五代毛文锡的《茶谱》记有："渠江薄片，一斤八十枚"，又说"谭邵之间有渠江，中有茶而多毒蛇猛兽……其色如铁，而芳香异常。"这证明在唐代湖北安化已有"渠江薄片"生产，在当地有些名气，而这种茶色泽为黑褐色，即典型的上等黑茶色泽，说明当时就有黑茶生产。

性状
叶底黄褐带暗。

汤色
色泽黄红稍褐。

口味
滋味较浓醇。

适宜人群
一般人群都可饮用，特殊禁忌者除外。

主要功效
防龋齿，抗癌，杀菌。

性状特点
色泽黑润，有清香气。

饮茶提示

黑茶含维生素、矿物质等。对主食肉类和奶酪、饮食中缺蔬菜的西北居民而言，常饮黑茶保证了人体必需的矿物质和维生素等。

挑选储藏

优质湖北黑干茶油黑有光泽，有明显的松烟香。劣质湖北干茶从切面看其中心部位发乌，无光泽，晦暗。存储湖北黑茶时要保持干燥，避免强光照射，严禁与有强烈异味（如油漆类、酒类等含化学挥发气味）类物质存放一室。

制茶工序

湖北黑茶采用较粗老的原料，经过杀青、揉捻、渥堆、干燥四个工序加工而成。渥堆是决定其品质的关键工序，渥堆时间的长短、程度的轻重不同，会使成品茶的品质风格有明显差别。湖北黑茶是在杀青后经二揉二炒后进行渥堆，渥堆时将复揉叶堆成小堆，堆紧压实，使其在高温条件下发生生化变化。当堆温达到60℃左右时进行翻堆，里外翻拌均匀，再继续渥堆。当茶堆出现水珠，青草气消失，叶色呈绿或紫铜色，且均匀一致时，即为适度。

评茶论道

古代朝鲜的茶礼源于中国，但融合了禅宗、儒家、道教文化和本地传统礼仪。一千多年前的新罗时期，朝廷的宗庙祭礼和佛教仪式中就运用了茶礼。高丽时期，朝廷举办的茶礼有九种之多。在每月初一、十五等节日和祖先诞辰时，会在白天举行简单祭礼，有昼茶小盘果、夜茶小盘果等摆茶活动。茶礼的整个过程，从环境、茶室陈设、书画、茶具造型与排列，到投茶、注茶、茶点、吃茶等均有严格的规范与程序。

品茶伴侣

荞麦茶

材料： 荞麦面100g，湖北黑茶5g，蜂蜜50g。

做法： 先将茶叶捣成细末，然后将茶叶末与荞麦面、蜂蜜搅拌，冲入沸水即可饮用。

功效作用： 对降低血脂、润肠通便有一定的疗效。

生活妙用

防龋齿： 湖北黑茶中的矿物元素氟对龋齿及老年骨质疏松有一定疗效。

抑癌： 湖北黑茶中的矿物元素硒能刺激免疫蛋白及抗体的产生，增强人体对疾病的抵抗力，对癌细胞的发生与发展有一定疗效。

杀菌： 湖北黑茶中的茶黄素是自由清除剂和抗氧化剂，可抑菌抗病毒。

🍵 品饮赏鉴

1 茶具准备
1把茶刀，湖北黑茶，1个冲洗干净的紫砂壶等。

2 投茶
用茶刀取湖北黑茶4~5g，用茶匙将其放入紫砂壶中。

3 冲泡
向紫砂壶中注入150~200ml的100℃沸水，加盖充分浸泡干茶。

4 分茶
将泡好的湖北黑茶依次倒入茶杯，七分满。

5 赏茶
浸泡的干茶茶叶舒展开来，茶汤红黄亮似琥珀，清香阵阵，芬芳一片。

6 品茶
分三次品饮：先细啜一口品茶的纯正；后品茶的浓淡、醇和度；再体会茶之韵味。

小葱爆猪肝　　🍲 茶点茶膳

材料： 猪肝350g，花生油50g，黑茶粉末3g，辣椒1个，料酒、味精、白砂糖、淀粉、葱、盐、姜、胡椒粉、香油各适量。

制作：

1. 猪肝切片，放入碗内，加黄酒、盐、味精、淀粉拌匀。
2. 葱切段，姜切丝，辣椒切片，备用。
3. 锅加热，放油烧至三四成热，倒入猪肝，滑熟取出。
4. 锅内放姜、葱、茶末、辣椒煸香；放猪肝，加黄酒、盐、味精和少许水，烧开，用淀粉勾芡，淋香油出锅。

口味： 鲜嫩爽口，香味诱人。

老青茶

主产区：中国湖北　品鉴指数：★★★★

产于湖北咸宁地区的蒲圻（现赤壁市）、咸宁、通山、崇阳、通城等县，别称青砖茶。据《湖北通志》记载："同治十年，重订崇、嘉、蒲、宁、城、山六县各局卡抽派茶厘章程中，列有黑茶及老茶二项。"这里的老茶即老青茶，其质量高低取定于鲜叶的质量和制茶技术。青砖茶的压制分洒面、二面和里茶三个部分。其中，一级茶（洒面）条索较紧，稍带白梗，色泽乌绿；二级茶（二面）叶子成条，红梗为主，叶色乌绿微黄；三级茶（里茶）叶面卷皱，红梗，叶色乌绿带花，茶梗以当年新梢为度。

性状　叶底暗黑显红，粗老。

汤色　红黄尚明。

口味

滋味尚浓无青气。

适宜人群

一般人群都可饮用，特殊禁忌者除外。

主要功效

抗血栓，通便，减肥。

性状特点

色泽红褐，香气纯正。

饮茶提示

黑茶储藏不好，表面长白霉，早期不会影响品质和口感。去除表面白毛，在通风处存放几日即可。霉变后若不及时处理，出现黑、绿、灰霉就不能饮用了。

挑选储藏

优质老青茶干茶红褐色；冲泡后汤色红黄明亮，叶底暗黑粗老，滋味浓厚无青气。老青茶要储藏于阴凉处，避免强光照射，切记不要和有异味及易挥发性的物质混放在一起。

制茶工序

老青茶的质量高低取决于鲜叶的质量和制茶的技术。老青茶鲜叶采摘后先加工成毛茶。面茶分杀青、初揉、初晒、复炒、复揉、渥堆、晒干等七道工序。里茶分杀青、揉捻、渥堆、晒干等四道工序，制成毛茶。毛茶再经筛分、压制、干燥、包装后，制成青砖成品茶。

评茶论道

茶艺表演欣赏是指在一个特定的环境中，茶艺师穿着表演所需服饰，配有音乐、插花等，演示各种茶叶冲泡技艺的过程。这样的表演将茶的冲泡科学地、生活化地、艺术地展示在人们面前。二十世纪七十年代台湾茶人提出"茶艺"这个概念后，茶艺表演才随之兴起。随后在各个地域特色的茶艺馆和大大小小的茶区传播开来，这些地方也为茶艺表演提供了平台，让人们得以认识并热爱茶艺表演。

品茶伴侣
万年青根茶

材料： 老青茶6g左右，万年青根30g。

做法： 将万年青根泡入沸水中，然后加入老青茶，待茶水凉热适中时，即可饮用。

功效作用： 对强心利尿有一定功效，可用于心性水肿症。

生活妙用

抗血栓： 老青茶中的茶多糖能明显抑制血小板的黏附作用，并降低血液黏度，提高纤维蛋白溶解的活力，可以起到抗血凝、抗血栓的作用。

通便： 老青茶中的茶多酚具有促进胃肠蠕动、促进胃液分泌、增加食欲的功效；茶叶经冲泡后，茶多酚被人体吸收，能达到通便的目的。

🍵 品饮赏鉴

1 茶具准备
冲洗干净的紫砂壶，茶匙，老青茶4~5g等。

2 投茶
用茶匙取适量老青茶倒入紫砂壶中。

3 冲泡
向紫砂壶中注入100℃沸水，加盖充分浸泡老青干茶。

4 分茶
将泡好的老青茶分别倒入茶杯，七分满为宜。

5 赏茶
茶汤红亮似琥珀，宛如陈年红葡萄酒。

6 品茶
分三次品饮：先细啜品茶的纯正；后大口品茶的浓淡、醇和度；再体会茶之韵味。

🍚 茶点茶膳

酱香大肠

材料： 猪大肠500g，酱料包八角2粒，老汤15kg，酸黄瓜100g，茴香、葱、姜、酱油、盐、糖、味精、黑茶末各适量。

制作：

1. 猪大肠冲洗干净，放入开水中稍烫一下，捞出备用。

2. 在烧热的锅里放入白糖，加少许水，用小火慢慢熬煮至暗红色，再加入500g水煮沸，待凉制成糖色。

3. 坐锅点火，将酱料包放入老汤中烧开；加入糖色、酱油、精盐、味精、茶末，调成酱汤备用。

4. 将猪大肠放入酱汤中，小火酱约50分钟；关火闷20分钟；捞出后平铺盘内，放酸黄瓜即可食用。

口味： 口感滑软，香气悠长。

四川边茶

抗癌减肥 利尿解毒

产于四川的黑茶的统称。其生长环境在海拔五百八十至一千八百米的丘陵和山区上，土壤为黄壤、红紫土及山地棕壤，呈酸性或微酸性，自然生态循环形成的有机质和矿物质丰富。四川边茶分为"西路边茶"和"南路边茶"两类。西路边茶是压制"茯砖"和"方包茶"的原料。南路边茶是压制砖茶和金尖茶的原料。南路边茶原料粗老并包含一部分茶梗，经熬耐泡，是专销藏族地区的一种紧压茶。西路边茶原料比南路边茶更为粗老，以采割一至二年生枝条为原料，是一种最粗老的茶叶。

性状 叶底棕褐，粗老。

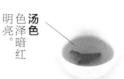

汤色 色泽暗红，明亮。

口味

味道平和。

适宜人群

一般人群都可饮用，特殊禁忌者除外。

主要功效

抗癌，减肥，利尿解毒。

性状特点

叶张卷折成条，色泽棕褐。

饮茶提示

四川边茶新茶不要每天喝，因其存放时间短，多酚类、醇类、醛类含量较多，经常饮用会出现腹痛、腹胀等现象。

挑选储藏

优质四川边茶色泽黑而有光泽，香气纯正，陈茶有特殊的花香或"熟绿豆香"。如果有馊酸气、霉味或其他异味，滋味精涩，汤色发黑或浑浊，则为劣质茶。存储时要避免强光照射，切忌使用塑料袋密封，可用牛皮纸等通透性较好的材料，不要和有异味的物质混放在一起。

制茶工序

西路边茶原料比南边茶更为粗老，以采割一至二年生枝条为原料，是一种最粗老的茶叶。产区大都实行粗细兼采制度，一般在春茶采摘一次细茶之后，再

采割边茶。采摘后的茶叶经杀青、晒干即可。南路边茶制作工序较繁琐，其做砖茶的传统做法最多要经过一炒、三蒸、三踩、四堆、四晒、二拣、一筛等共十八道工序，最少也要经十四道工序。

评茶论道

"道"是中国哲学的最高范畴，一般指宇宙法则、终极真理、事物运动的总体规律、万物的本质或本源等。茶道指以茶艺为载体，以修行得道为宗旨的饮茶艺术，包含茶礼、礼法、环境、修行等要素。据考证，茶道始于唐代。《封氏闻见记》中提到："又因鸿渐之论，广润色之，于是茶道大行。"唐代刘贞亮在饮茶十德中也提出："以茶可行道，以茶可雅志。"

品茶伴侣

黑芝麻茶

材料： 黑芝麻6g，四川边茶3g。

做法： 将黑芝麻炒至黄色；与四川边茶一起用沸水冲泡即可饮用。

功效作用： 有助于滋肝补肾、养血润肺。

生活妙用

利尿解毒： 四川边茶中咖啡碱的利尿功能是通过肾促进尿液中水的滤出率来实现的。此外，咖啡碱有助于醒酒，解除酒毒。

抗癌： 黑茶汤色的主要成分是茶黄素和茶红素，茶黄素是一种有效的自由基清除剂和抗氧化剂，具有抗癌、抗突变功能。

减肥： 四川边茶中的黄烷醇类、叶酸和芳香类物质等多种化合物，能增强胃液的分泌，调节脂肪代谢，促使脂肪氧化，除去人体内的多余脂肪。

🍵 品饮赏鉴

1 茶具准备
清洗干净的紫砂壶，特质茶刀，5g左右的四川边茶等。

2 投茶
用特质茶刀取5g左右的四川边茶并置入紫砂壶中。

3 冲泡
向紫砂壶中注入150~200ml沸水，加盖5秒钟。

4 分茶
把公道杯中匀好的茶汤依次倒入杯中，七分满即可。

5 赏茶
茶叶舒展，茶汤逐渐变得暗红，宛如陈年红酒，陈香阵阵袭来。

6 品茶
分汤洗盏一泡不饮；从二泡起品饮，滋味平和甘甜；可反复冲饮，至茶味淡极。

五香猪手

🥘 茶点茶膳

材料： 猪蹄2只，食盐、姜、四川边茶、桂皮、八角、五香粉、老抽、冰糖各适量。

制作：

1. 将猪蹄从中间劈开，沸水烫后刮去浮皮，清洗干净，用酒、酱油腌制半小时。

2. 油烧热略爆姜片；将蹄放入，煎炸至皮呈金黄色；加水、桂皮、八角、五香粉、老抽、冰糖和茶叶；旺火煮沸，撇去浮沫，改用文火焖煮约2小时即可食用。

口味： 香甜黏软，味道鲜美。

第五章　黄茶

　　炒青绿茶因杀青、揉捻后干燥不足或不及时，叶色变黄而形成黄茶。茶汤呈黄色，有"黄叶黄汤"的特点。黄茶生长在我国的湖南、四川、安徽等地，湖南岳阳是我国的黄茶之乡。主要品种有君山银针、霍山黄芽、蒙顶黄芽等。黄茶富含茶多酚、氨基酸、维生素等营养物质，对防治食道癌有明显功效。黄茶鲜叶中天然物质保留有85%以上，为其他茶叶所不及。高比例的保留鲜叶成分，形成了黄茶独有的特性，黄茶到底是如何制成的，本章给了我们答案。

君山银针

主产区：中国湖南　品鉴指数：★★★★★

防癌杀菌 健胃消炎

产于湖南岳阳洞庭湖中的君山是黄茶中的精品，中国十大名茶之一。因形细如针，生长在君山上，故名君山银针。君山又名洞庭山，是洞庭湖中的一个岛屿。岛上土壤肥沃，多为沙质土壤，年平均温度16℃~17℃，年降雨量为一千三百四十毫米左右，相对湿度较大，气候非常湿润。春夏季湖水蒸发，云雾弥漫，岛上树木丛生，自然环境适宜茶树生长，山地遍布茶园。君山茶历史悠久，唐代已生产，久负盛名，相传文成公主出嫁时就选带了君山银针茶入西藏。

性状
芽头茁壮，叶底明亮。

汤色
色泽橙黄。

口味
滋味甘醇。

适宜人群
一般人群都可饮用，特殊禁忌者除外。

主要功效
防癌，杀菌，消炎。

性状特点
大小长短均匀，形如银针，内呈金黄色。

饮茶提示
因黄茶含咖啡碱等兴奋剂，饮用过多会使人处于高度亢奋状态，从而精神过度膨胀，进而影响睡眠，所以不宜多喝。

挑选储藏

优质君山茶以壮实挺直亮黄为上。茶芽头肥壮，紧实挺直，芽身金黄，满披银毫；汤色橙黄明净，香气清纯，叶底嫩黄匀亮。储存君山银针时可将石膏烧热捣碎，铺于箱底，上垫两层皮纸，将茶叶用皮纸分装成小包，放在皮纸上面，封好箱盖。切记要适时更换石膏，以保证其品质。

制茶工序

君山银针的制作工序为杀青、摊晾、初烘、初包、复烘、焙干。杀青要芽蒂萎软，清气消失，发出茶香；摊晾是散发热气，清除细末杂片；初烘温度在50℃~60℃，时间二十至三十分钟，烘至五成干；初包促成君山银针特有的色、香、味，用牛皮纸包好，置于箱内四十至四十八小时；复烘是蒸发水分，固定已形成的有效物质；焙干温度50℃~55℃，烘量每次约五百克，焙至足干为止。

茶之传说

相传后唐明宗李嗣源第一次上朝时，侍臣为他沏茶，见一团白雾从水中腾空而起，慢慢变成一只白鹤。白鹤向明宗点了三下头，便飞向蓝天。再往杯里看，杯中茶叶都整齐地竖立着，就像破土的春笋。后又慢慢下沉，像雪花坠落。明宗惊奇地问侍臣原因。侍臣说："这是君山的白鹤泉（柳毅井）水泡黄翎毛（银针茶）的缘故。"明宗听了惊喜万分，遂把君山银针定为贡茶。

品茶伴侣

丹参黄精茶

材料： 君山银针茶叶5g，丹参10g，黄精10g。

做法： 将3种材料共研粗末，用沸水冲泡，加盖闷10分钟即可饮用。

功效作用： 活血补血，对贫血症及白细胞减少有一定的功效。

生活妙用

防癌： 黄茶中富含茶多酚、氨基酸、可溶糖、维生素等丰富营养物质，对防治食道癌有一定功效。

杀菌： 君山茶中的醇类、醛类、酯类、酚类等为有机化合物，对人体的各种病菌都有抑制和杀灭功效，且其杀菌的作用机理各不相同。

消炎： 君山银针茶叶中还有少量的皂甙化合物，具有抗炎症的功效。

 品饮赏鉴

1 茶具准备
透明玻璃杯1个，茶匙，君山银针茶3g，茶巾等。

2 投茶
用茶匙将君山银针置入开水预热过的透明玻璃茶杯。

3 冲泡
高冲法先快后慢两次冲泡。第一次至杯身2/3处，观察杯中茶叶变化；再至接近杯口。

4 分茶
约冲泡10分钟，将泡好的茶依次分给客人。

5 赏茶
茶叶在杯中根根竖立，继而上下游动，然后徐徐下沉，簇立杯底，如雨后春笋。

6 品茶
茶香清雅，给人带来清爽的感觉；慢慢细品，茶汤滋味鲜爽，回味甘甜。

低糖老婆饼

🍚 **茶点茶膳**

材料： 面粉500g，熟面500g，果脯、花生、芝麻各100g，枸杞子80g，肥肉粒40g，君山银针茶末、香精、猪油、白糖各适量。

制作：

1. 把熟面、白糖、肥肉粒、花生、芝麻、茶末、枸杞子、果脯、猪油、香精一起拌成馅。

2. 用猪油把面粉擦成干油酥；猪油加少许水，将剩余的面粉揉成油面团。

3. 把干油酥包入油面团，擀成薄片；卷起，揪成面剂包入馅，收严按扁，擀成圆饼，刷上鸡蛋液，插几个小孔。

4. 将饼坯摆入烤盘，入炉用慢火烤至金黄并鼓起即成。

口味： 色泽金黄，松酥香甜。

霍山黄芽

主产区：中国安徽 品鉴指数：★★★★

消热解暑 护齿减肥

产于安徽霍山一带。这里山高云雾大，雨水充沛，空气相对湿度大，漫射光多，昼夜温差大，土壤疏松，土质肥沃，林茶并茂，生态条件良好，极适茶树生长。霍山自古多产黄茶，在唐朝时为饼茶；明清之时，均被列为贡品；近代，由于战乱影响，霍山黄芽一度失传。直至一九七一年才重新开始研制和生产。一般在谷雨前后二三日采摘，标准为一芽一叶至一芽二叶初展。经杀青（生锅、熟锅）、毛火、摊放、足火、拣剔复火等工序制作而成。霍山黄芽的知名品牌有德昌顺和徽六。

性状 芽叶细嫩多毫。

汤色 黄绿清澈明亮。

口味
滋味鲜醇浓厚回甘。

适宜人群
一般人群都可饮用，特殊禁忌者除外。

主要功效
护齿，清热防暑，防口臭。

性状特点
外形条直微展，匀齐成朵，形似雀舌。

饮茶提示

古人云："烫茶伤五内。"太烫的茶会刺激咽喉、食道和胃，长此以往，将引起这些器官的病变。饮茶的温度宜在5℃以下。

挑选储藏

优质霍山黄芽色泽自然，外形似雀舌，芽叶嫩细多毫，叶色嫩黄，汤色黄绿清明，香气鲜爽，滋味醇厚回甜，叶底黄亮，嫩匀厚实。霍山黄芽要密封、干燥储存于阴凉处，杜绝挤压，避免和有异味的物质存放在一起。

制茶工序

一般在谷雨前后二三日采摘，标准为一芽一叶至一芽二叶初展。经杀青、初烘、摊放、复烘、足烘制作而成。杀青分生锅和熟锅。生锅快炒透炒，熟锅与生锅配合，杀青适度，起锅摊晾。初烘火温100℃左右，勤翻匀摊，至五六成干；继续烘焙约七成干，摊放一至两天，使其回潮黄变，剔除杂质。复烘火温约90℃，烘至八九成干。再回潮一至两天，进一步黄变。足烘温度100℃~120℃，翻烘要勤、轻、匀，趁热装筒封盖。

评茶论道

唐代时赵州观音寺有位高僧叫从谂禅师，人称"赵州古佛"。他爱饮茶，还积极倡导饮茶之风，他每次说话前，都要说一句"吃茶去"。据《广群芳谱·茶谱》引《指月录》中记载："有僧至赵州，从谂禅师问：'新近曾到此间吗？'曰：'曾到。'师曰：'吃茶去。'又问僧，僧曰：'不曾到。'师曰：'吃茶去。'后院主问曰：'为什么曾到也云吃茶去，不曾到也云吃茶去？'师召院主，主应喏，师曰：'吃茶去'"。从此，"吃茶去"成为禅语。

品茶伴侣

桂圆红枣茶

材料： 白兰地9ml，红枣4个，桂圆100g，霍山黄芽2g。

做法： 先泡霍山黄芽；煮红枣和桂圆，加入白兰地；倒入泡好的茶中。

功效作用： 有助于补气健脾、提精神。

生活妙用

护齿： 霍山黄芽茶叶含氟量75~  100mg/kg。常饮黄芽茶能摄取足够的氟，对护牙坚齿有较好效果。

清热防暑： 霍山黄芽中的多酚类化合物、游离糖、氨基酸、维生素C和皂甙化合物可与口腔中的唾液反应，使口腔得以湿润，产生清凉感觉，有清热解暑功能。

去口臭： 霍山黄芽中含有芳香物质，可刺激胃液分泌，有助于吸收，而且能消除胃中积垢，减轻口干、口臭等症状。

 品饮赏鉴

1 茶具准备
透明玻璃杯或瓷杯1个，茶匙，3g左右的霍山黄芽等。

2 投茶
用茶匙将霍山黄芽轻轻倒入透明玻璃杯中。

3 冲泡
先快后慢注入70℃水，约至1/2处即可，待茶叶完全浸透，再注入八分水。

4 分茶
将泡好的霍山黄芽茶分倒入茶杯，七分满为宜。

5 赏茶
茶芽尖端开始产生气泡，随之微微张开，很像雀鸟的喙，形似"雀嘴含珠"。

6 品茶
细啜慢品，茶汤滋味鲜爽，回味甘甜。

🍚 **茶点茶膳**

青椒炒猪肝

材料： 猪肝200g，青椒、红椒各1个，霍山茶芽末、糖、盐、油、生抽、料酒、花椒水、味精各适量。

制作：

1. 猪肝切薄片用备用的花椒水煮2分钟，捞起沥干。

2. 青椒洗净去籽切成大块，红椒切斜片。

3. 炒锅入油，将青椒、红椒、猪肝放入锅炒3分钟左右。

4. 加入盐、糖、茶末、料酒、味精拌匀，即可装盘食用。

口味： 香辣可口，味道鲜美。

蒙顶黄芽

主产区：中国四川　品鉴指数：★★★★★

产于四川蒙山山区。蒙顶茶栽培始于西汉，自唐开始，直到明、清，千年之间一直为贡品，为我国历史上最有名的贡茶之一。二十世纪五十年代，蒙顶茶以黄芽为主；近来多产甘露，但黄芽仍有生产，为黄茶中的珍品。其生长地终年烟雨蒙蒙，云雾茫茫，土壤肥沃，为茶树提供了良好的生长环境。采摘于春分时节，待茶树上有部分茶芽萌发时，即可开园采摘。标准为圆肥单芽和一芽一叶初展的芽头。经杀青、初包、复炒、复包、三炒、堆积摊放、四炒、烘焙八道工序制作而成。

性状
叶芽嫩芽壮，芽条匀整。

汤色
色泽黄中透碧。

口味
甜香鲜嫩，甘醇鲜爽。

适宜人群
一般人群都可饮用，特殊禁忌者除外。

主要功效
利尿，清热，消炎。

性状特点
外形扁直，色泽嫩黄，芽毫显露。

饮茶提示
女性在怀孕期间不要饮用蒙顶黄芽，其所含咖啡碱会加剧孕妇的心跳速度、肾负担，进而诱发妊娠中毒，给胎儿的健康发育带来不利影响。

挑选储藏
优质蒙顶黄芽芽条匀整，色泽嫩黄，冲泡后汤色黄亮透碧，甜香浓郁，茶汤入口滋味鲜醇回甘。储藏蒙顶黄芽时切忌远离刺激性气味，避免强光照射，同时要密封干燥。

制茶工序
蒙顶黄芽制作分杀青、初包、复炒、复包、三炒、堆积摊放、四炒、烘焙八道工序。杀青时叶色转暗茶香显露，芽叶含水率减少到55%~60%即可出锅。初包叶温在55℃左右，放置六十至八十分钟时翻拌，叶色呈微黄绿时复炒。复炒要求理直、压扁芽叶。三炒至茶条基本定型，含水率30%~35%时可把三炒叶撒在细篾簸箕上摊放，盖上草纸保温，二十四至三十六小时后即可四炒。四炒整理外形，散发水分和闷气，增进香味。烘焙要慢烘细焙，促进色、香、味的形成。

评茶论道

　　葡萄牙神父克鲁士（Cruz）一五五六年到中国传播天主教。四年之后他回国时，将中国的茶叶以及饮茶知识传入欧洲，"凡上等人家，习以献茶敬客。此物味略苦，呈红色，可以煎成液汁，作为一种药草用于治病。"葡萄牙另一位神父谈到中国饮茶习俗时说："主客见面，互通寒暄，即敬献一种沸水冲泡之草汁，名之为茶，颇为名贵，必须喝二三口。"

品茶伴侣

薄荷珠兰茶

材料： 蒙顶黄芽茶叶6g，珠兰3g，薄荷3g。

做法： 将蒙顶茶叶、珠兰、薄荷沸水冲泡饮用即可。

功效作用： 对治疗暑湿、头胀烦闷有一定的功效。

生活妙用

利尿： 蒙顶黄芽中的可可碱是一种重要的生物碱，具有利尿、心肌兴奋、血管舒张等功效。

清热： 蒙顶黄芽中的芳香类物质所挥发出的香气，不仅能使人心旷神怡，还能带走一部分热量，控制体温，有清热功效。

消炎： 蒙顶黄芽茶叶和茶子中都含有皂苷化合物。茶皂素是一种天然非离子型表面活性剂。有良好的消炎、镇痛、抗渗透作用。

🍵 品饮赏鉴

1 茶具准备
　　2~3g蒙顶黄芽，茶匙，冲洗干净的透明玻璃杯或瓷杯等。

2 投茶
　　用茶匙将蒙顶黄芽轻置于玻璃杯中。

3 冲泡
　　向杯中注入70℃的水，约至1/2处即可，待茶叶完全浸透，再注入八分水。

4 分茶
　　将泡好的蒙顶黄芽倒入杯中，七分满。

5 赏茶
　　茶叶慢慢沉入杯底，叶芽匀整，汤色黄中透绿。

6 品茶
　　小口慢慢品茗，方知茶之韵味，渐入茶之境界。

🍲 茶点茶膳

茶香焗土鸡

材料： 童子鸡1只，淮山片3片，蒙顶黄芽、鸡汤、葱、香菇、料酒、食盐、味精各适量。

制作：

1. 将鸡的大腿骨剔去，将鸡放入白卤水中浸泡4小时；用清水冲洗干净并沥干水，再用泡软蒙顶黄芽茶叶擦鸡身数次；将葱、香菇等混合料塞入鸡肚内待用。

2. 将鸡爪洗净放入砂锅内做垫底物，然后放入待用的整鸡、3片淮山片，加入鸡汤至九成满后，投入适量盐，盖上砂锅盖密封后，放入160℃左右的烤箱中焗3小时左右。

3. 取出饰以二三片新鲜黄芽即可。

口味： 口味醇厚，味感鲜香，茶香扑鼻。

霍山黄大茶

抗老消暑　提神清心

　　霍山黄大茶是黄茶的一种，产于安徽霍山、金寨、大安、岳西等地，亦称为皖西黄大茶。黄大茶的采摘标准是一芽四五叶，叶大梗长，黄色黄汤，因而得名。经过萎凋、杀青、揉捻、闷黄、干燥五道工序制作而成。如果制成的毛茶大小、粗细、老嫩不匀，可适当拣剔和筛分，但加工时，力求原身长条和芽叶完整。近年来，为迎合外销市场需要，该地区更多生产的是红茶、绿茶，而黄茶的生产日渐减少，但仍保留生产一定数量的黄大茶，以满足内销市场。

性状
叶底绿黄。

汤色
色泽黄亮。

口味
滋味浓厚，高爽焦香。

适宜人群
一般人群都可饮用，特殊禁忌者除外。

主要功效
抗辐射，提神清心，消暑。

性状特点
叶片成条，梗部弯曲带钩；色泽金黄油润。

饮茶提示
　　进入更年期的女性常喝霍山黄大茶会加重其这一特殊时期的症状，如头晕、乏力、心率过快、易感情冲动等。

挑选储藏

　　挑选优质霍山黄大茶可观其外形，以梗壮叶肥，叶片成条，梗部似鱼钩；色泽金黄油润，香气为高爽焦香为珍品。储藏时密封、低温、干燥，杜绝挤压，忌和有刺激性物质存放在一起。

制茶工序

　　霍山黄大茶经萎凋、杀青、揉捻、闷黄、干燥五道工序制作而成。萎凋要求鲜叶均匀摊放在萎凋竹帘上，厚度十五至二十厘米，嫩叶薄摊，老叶适当厚摊。杀青要求有黏性，手捏能成团，嫩茎折而不断，略有熟香时可起锅。揉捻一般用中、小型揉捻机，条索紧实，保持锋苗，显毫。闷黄时叶温在25℃以下，闷堆时间约四至五小时。干燥分毛火和足火。毛火温度在110℃~120℃，时间十二至十五分钟，烘至七八成干，摊晾一小时左右。足火温度90℃左右，烘到足干，即下烘稍摊晾，及时装袋。

评茶论道

《调琴啜茗图》是唐代著名画家周昉的作品。画中描绘了唐代仕女弹琴饮茶的生活情景。三位贵妇坐在院中品茗、弹琴、听乐；两位侍女端茶倒水。表现出她们慵懒寂寞的姿态和闲适的生活场景。图中桂花树和梧桐树表示秋天已近，情景相互映照。可见我国茶及茶文化源远流长。

品茶伴侣
生姜茶

材料： 生姜1块，霍山黄大茶2~3g。

做法： 先冲泡霍山黄大茶；姜洗干净在冷开水中浸泡30分钟，取出切片，压榨取汁；滴3滴于泡好的茶中。

功效作用： 对解毒散寒、止呕防癌有一定的功效。

生活妙用

抗辐射： 霍山黄大茶的细胞壁中含有3%的脂多糖，可减少电脑辐射对人体的伤害，对常坐在电脑前工作的人具有一定的保健功效。

消暑： 霍山黄大茶所含咖啡碱可以带走皮肤表面的热量，在炎热的夏季饮用能够起到消暑的作用。

提神清心： 霍山黄大茶中的儿茶素类及氧化缩和物可使咖啡因的兴奋作用减缓并持续增长，开长途车或者需要长时间持续工作的人可以饮用，可保持头脑清醒。

 品饮赏鉴

1 茶具准备
茶匙1个，霍山黄大茶3g左右，冲洗干净的透明玻璃杯或瓷杯1个等。

2 投茶
在投茶前先用热水温一下玻璃杯，然后用茶匙将霍山黄大茶倒入透明玻璃杯中。

3 冲泡
向杯中注入70℃水，约至1/2处即可，待茶叶完全浸透，再注入八分水。

4 分茶
将泡好的霍山黄大茶倒入茶杯中，七分满。

5 赏茶
浸泡开的茶芽在橙黄明亮的茶汤中舞蹈着，缕缕茶香沁人心脾。

6 品茶
待茶汤冷热适中时可细啜慢品，体会齿颊留芳、甘泽润喉的感觉。

茶点茶膳

黄焖鸡块

材料： 白鸡肉500g，冬菇5个，霍山黄大茶茶末3g，料酒、酱油、味精、姜、白糖、湿菱粉、鸡汤各适量。

制作：

1. 将温猪油倒入锅里煎半分钟，把切好的鸡肉倒入锅里，加冬菇及调料（葱、姜、茶末、料酒、酱油、湿菱粉、盐、糖、味精、鸡汤）。

2. 用文火焖10分钟，随即用湿菱粉下锅勾芡即成。

口味： 酥软鲜嫩，回味绵长。

第六章 白茶

　　白茶是我国茶类中的特殊珍品，因成品茶的外观呈白色而得名。一般经萎凋和干燥两道工序制成，茶汤呈黄绿色。白茶毫色银白，有"银装素裹"之美感。生长在我国的福建和浙江等地。主要品种有白毫银针，其为白茶中的极品，素有茶中"美女""茶王"之称。白茶存放时间越长，药用价值越高，陈年白茶可用作患麻疹的幼儿的退烧药。茶被奉为"万病之药"古已有之，白茶的退烧效果何以更甚抗生素？答案，本章揭晓。

白毫银针

清目降压
美容抗老

产于福建福鼎、政和两市。白毫银针简称银针，又叫白毫，素有茶中"美女""茶王"之美称，是白茶中的极品。由于鲜叶原料全部是茶芽，制成成品茶后，形状似针，白毫密被，色白如银，因此命名为白毫银针。清嘉庆初年，福鼎以菜茶的壮芽为原料，创制银针白毫。后来，福鼎大白茶繁殖成功，改用其壮芽为原料，不再采用茶芽细小的菜茶。政和县一八八九年开始产制银针。福鼎所产的名叫"北路银针"，政和所产的名叫"南路银针"。

性状
芽头肥壮。

汤色
色泽浅杏黄。

口味
滋味清醇爽口，香气清芬。

适宜人群
一般人群都可饮用，特殊禁忌者除外。

主要功效
清目，抗衰老，降压。

性状特点
挺直如针，色白似银。

饮茶提示
白毫银针茶不宜太浓，一般一百五十毫升的水用五克白毫银针就足够，茶汁不宜浸出，冲泡时间稍长。

挑选储藏

优质白毫银针外形芽壮肥硕显毫，色泽银灰，熠熠有光。如条件允许可看其叶底是否仍保持弹性，边缘是否整齐，破碎少，大小是否匀净。如不符合以上条件，则为劣质白毫银针。白毫银针的含水量较高，储藏前先用生石灰吸湿，然后将茶叶放于封闭干燥的容器里，置于阴凉干燥处。

制茶工序

白毫银针的制作工序较为特殊，不炒不揉，只有萎凋和烘焙两道工序。具体制法是：将采回的茶芽薄薄地摊在竹制有孔的筛上，放在微弱光线下萎凋、摊晾至七八成干，再移到烈日下晒至足干。在萎凋、晾干过程中，要根据茶芽的失水程度进行调节，才能制出优质白毫银针。

茶之传说

很久以前福建政和一带久旱不雨，引起大瘟疫，病死很多人。当地人听说洞宫山上一口老井旁长着几株仙草，草汁能治百病。于是年轻人都上山寻找这种仙草，但都有去无回。志刚、志诚和志玉兄妹为了避免造成悲剧，决定轮流去找仙草。志刚爬到半山腰时忽听一声大吼："你敢往上闯！"他大惊，一回头，立刻变成了乱石岗上的一块新石头。志诚的命运和大哥相同，也变成了一块巨石。志玉来到乱石岗，奇怪声四起，她就用糍粑塞住耳朵，坚决不回头，终于爬上山顶，找到老井，采下仙草芽叶，下山回家。志玉将种子种满家乡的山坡，救了当地的百姓。这仙草就是白毫银针。

品茶伴侣

桃茎白茶

材料： 桃茎白皮30g，白毫银针适量。

做法： 将桃茎白皮和白毫银针用水煎。

功效作用： 对治疗初期狂犬咬伤有一定的疗效。

生活妙用

清目： 白毫银针含有丰富的维生素A原，被人体吸收后，能迅速转化为维生素A，可预防夜盲症与干眼病。

抗衰老： 白毫银针自由基含量最低，多喝白茶或使用白茶的提取物，可以延缓衰老，美容美颜。

降压： 白毫银针加工形成的a-氨基丁酸具有降血压的作用。

 茶点茶膳

一口酥

材料： 鸡蛋5个，黄油1000g，猪油1000g，糖1000g，白毫银针茶末20g，低筋面粉1500g，高筋面粉1500g。

制作：

1. 将黄油、猪油混合快速搅拌2分钟，打软。

2. 加入白糖、茶末打匀；一边搅拌一边逐个加入鸡蛋，打匀。

3. 倒进低筋面粉拌匀，逐个装入塔壳内，再放进烤盘。

4. 烤箱调至200℃预热10分钟，烤15分钟即成。

口味： 味道鲜美，酥软可口。

白牡丹

主产区：中国福建　品鉴指数：★★★★

退热祛暑　防龋坚齿

产于福建福鼎一带。茶身披白毛，芽叶成朵，冲泡后绿叶托着银芽，宛如朵朵白牡丹，故得美名。鲜叶主要采自政和大白茶和福鼎大白茶，有时用少量水仙茶拼合。制成的毛茶，分别为政和大白、福鼎大白和水仙白。采摘的鲜叶须白毫尽显，芽叶肥嫩，标准是春茶第一轮嫩梢的一芽二叶，芽与二叶的长度基本相等，且均满披白毛。春秋之际的茶芽瘦不予采制。主要销往中国香港、澳门及东南亚地区，有退热、祛暑之功效，为夏日佳饮。

性状
叶叶芽脉底叶微浅连红灰枝。，

汤色
杏黄明亮。

口味
滋味清醇微甜。

适宜人群
一般人群都可饮用，特殊禁忌者除外。

主要功效
防龋坚齿，抗辐射，提神清心。

性状特点
毫心肥壮，叶张肥嫩，夹以银白毫心。

饮茶提示

白牡丹茶性寒凉，根据体质适当饮用。对于胃"热"者可在空腹时适量饮用；胃中性者随时都可饮用；胃"寒"者则要在饭后饮用。

挑选储藏

优质白牡丹茶毫心肥壮，叶张肥嫩，呈波纹隆起，叶缘向叶背卷曲，芽叶连枝，叶面色泽呈深灰绿，叶背遍布白茸毛。此外，还可闻一下冷茶或用过的品茗杯味道，如有类似氨气之类的味道，说明化肥施用较多，对人体健康会产生不利影响。白牡丹茶要密封、低温（0℃~5℃）干燥储藏，避免强光照射，杜绝和有异味的物质存放在一起。

制茶工序

白牡丹茶制作工序关键在于萎凋。要根据气候灵活掌握，在室内自然萎凋或复式萎凋，气候主要以春秋晴天或夏季不闷热的晴朗天气为宜。此外，还要拣除梗、片、蜡叶、红张、暗张进行烘焙，要求以火香衬托茶香，保持香毫显现，汤味鲜爽。待水分含量为4%~5%时，就可以趁热装箱了。

茶之传说

传说西汉清官太守毛义，因看不惯其他官员搜刮民财、贪污受贿，便辞官回家，带着母亲隐居山林。母子俩来到莲花池畔，看见十八棵白牡丹，周围环境安静优美，便定居下来。老母因旅途劳累病倒了。毛义心急如焚，四处寻药。一天晚上，他梦到仙翁告诉他，母亲的病要煮新茶喝才能治愈。醒后他在莲花池边发现那十八棵牡丹竟是十八棵茶树，遂采制让母亲喝，母亲的病果然治好了。此后福建一带人称其"白牡丹茶"。

品茶伴侣

艾叶茶

材料： 白牡丹茶25g，艾叶25g，老姜5g，食盐少许。

做法： 姜切片，加入艾叶及茶叶共煎，5分钟后加食盐少许。

功效作用： 消炎杀菌，可用于神经性皮炎。

生活妙用

抗辐射： 白牡丹茶的细胞壁中脂多糖含量达3%，长期饮用可吸附和捕捉电脑辐射，对经常运用电脑的人有一定保健功效。

防龋坚齿： 白牡丹茶中含氟，氟离子与牙齿的钙质结合，形成氟磷灰石，可使牙齿变坚固，有效提高牙齿的抗龋能力。

提神清心： 白牡丹茶中所含儿茶素类及氧化缩和物可使咖啡因的兴奋作用减缓并持续增长，其对长时间持续工作的人起到提神清脑的作用。

品饮赏鉴

1 茶具准备

茶荷1个，冲洗干净的玻璃杯1个，2~3g白牡丹茶，酒精炉1套，茶匙，茶巾等。

2 投茶

用茶匙把茶荷中的茶叶轻轻置入玻璃杯中。

3 冲泡

先在杯中冲入少量开水，使茶叶浸润10秒钟，然后以高冲法冲入开水，水温70℃。

4 分茶

将泡好的茶汤倒入茶杯中，七分满为宜。

5 赏茶

茶芽舒展，绿叶托着嫩芽，宛若蓓蕾初放。

6 品茶

细酌慢饮，滋味清醇微甘，茶香飘散。

花生酱蛋挞

茶点茶膳

材料： 牛奶1杯，花生酱1/3杯，鸡蛋2个，白糖1匙，白牡丹茶末、植物油各适量。

制作：

1. 将牛奶和花生酱混合，搅匀；鸡蛋打散且搅匀。

2. 在牛奶和花生酱中加入白糖、茶末、鸡蛋液，拌匀。

3. 将小蒸杯内层涂一层油，倒入牛奶蛋液花生酱。

4. 将小蒸杯放入锅中，蒸15分钟左右，用叉子插入，取出时叉子是干净的即成。

口味： 酥软可口，营养丰富。

贡眉

提神降压　抗菌降火

产于福建省（台湾也少量生产）建阳、福鼎、政和、松溪等县。是白茶中产量最高的一个品种，有时又被称为寿眉。贡眉，过去以菜茶为原料，采一芽二三叶，品质次于白牡丹。菜茶的芽虽小，要求必须含嫩芽、壮芽，不能带有对夹叶。现在也采用大白茶的芽叶为原料。贡眉以全萎凋的品质为最好。该茶汤色橙黄或深黄，叶底匀整、柔软、鲜亮，味醇爽，香鲜纯。主要销往中国香港、澳门及德国、日本、荷兰、法国、印度尼西亚、新加坡、马来西亚、瑞士等国家和地区，内销极少。

性状
叶底匀整、柔软、鲜亮。

汤色
橙黄或深黄。

口味
滋味醇爽，香气鲜纯。

适宜人群
一般人群都可饮用，特殊禁忌者除外。

主要功效
抗菌，降火，提神。

性状特点
毫心明显，茸毫色白且多，色泽翠绿。

饮茶提示

贡眉冲泡次数（三次为宜）不宜太多，冲泡次数太多，汤色就会变淡，营养物质也会逐渐降低。

挑选储藏

优质贡眉毫心多而肥壮，叶张幼嫩，芽叶连枝，叶态紧卷如眉，匀整，破张少，呈灰绿或墨绿，色泽调和，洁净，无老梗。可将贡眉储藏在新买的暖水瓶中，然后用白蜡封口并裹胶带，置于干燥、阴凉处。

制茶工序

贡眉采摘标准为一芽二叶至三叶，要求含有嫩芽、壮芽，其最主要的制作工序是萎凋，有两个目的，一是"走水"，即去掉水分（表面问题）；二是"生化"（内质问题），即通过萎凋使茶菁在一定的失水条件下，引起一系列来自自身因素的生物化学变化，其变化也是随茶菁水分的变化，由慢到快，再由快转慢，直到干燥为止。然后再通过烘干、拣剔、烘焙等工序，装箱即可。

评茶论道

在中国民间，百姓们常用"清茶四果"或"三茶六酒"来祭天祀地，期望能得到神灵的保佑。他们把茶看作一种神物，用茶敬神即为最大的虔诚。因此，在中国古老的禅院中，常备有寺院茶，并将最好的茶叶用来供佛。浙江绍兴、宁波等地在供奉神灵和祭祀祖先时，祭桌上除鸡、鸭、鱼、肉外，还要放置九个杯子，其中三杯是茶，六杯是酒。九代表多，象征祭祀隆重、祭品丰富。

品茶伴侣

青陈萝卜茶

材料： 贡眉4g，青皮、陈皮各10g，白萝卜3片。

做法： 将贡眉、青皮、陈皮、白萝卜沸水浸泡饮用。

功效作用： 可以行气健胃、祛痰止呕。

生活妙用

抗菌： 贡眉提取物对青霉菌和酵母菌具有抗真菌效果，在其作用下，青霉菌孢子和酵母菌的酵母细胞被抑制，起到了抗真菌作用。

降火： 贡眉茶中含有脂多糖的游离分子、氨基酸等化合物，可清热，有一定的降火功能。

提神： 贡眉中的儿茶素类及其氧化缩合物可使咖啡因的兴奋作用减缓，喝一杯贡眉可使长时间工作的人头脑清醒，起到提神作用。

🫖 品饮赏鉴

1 茶具准备
2~3g贡眉茶，茶荷1个，酒精炉1套，冲洗干净的透明玻璃杯，茶匙，茶巾等。

2 投茶
用茶匙将茶荷中的茶叶拨入玻璃杯中，茶叶如花飘然而下。

3 冲泡
先向杯中冲入少量开水浸润茶芽，10秒钟后高冲入水，水温70℃~80℃。

4 分茶
将泡好的茶汤倒入茶杯，稍晾即可饮用。

5 赏茶
茶汤橙黄，清澈洁净；叶底黄绿；茶芽挺立杯中。

6 品茶
茶汤冷热适中时品饮；茶香四溢，滋味清爽甘醇。

麦麸土司

材料： 高筋粉210g，低筋粉80g，麦麸、黄油、糖各30g，老面75g，酵母4g，奶粉20g，盐3g，鸡蛋5个，贡眉茶叶、盐各适量。

制作：

1. 把除黄油外的所有材料放入面包机，20分钟后加入黄油，至面筋扩展后关机；后将其置于温暖湿润处发酵。

2. 将面团取出分3份，排气滚圆，盖上薄膜松弛15分钟。

3. 将面团分别擀开成宽度与土司模等宽的长方形。

4. 翻面后卷成圆筒形，放入模具，置温暖湿润处再发酵；约8~9分满时，盖上盒盖。

5. 烤箱180℃预热后，放入模具，40~45分钟即可。

口味： 入口香甜，茶香宜人。

新工艺白茶

抗癌降压　护肝益寿

产于福建福鼎的半条形白叶茶，又称新白茶。成茶外形叶张略有缩褶，呈半卷条形，色泽暗绿带褐色，茶汤橙红，滋味浓醇清甘又有闽北乌龙的"馥郁"。该茶对鲜叶的要求同白牡丹一样，一般采用"福鼎大白茶""福鼎大毫茶"等茶树品种的芽叶加工而成，原料嫩度要求相对较低。其制作工艺为：萎凋、轻揉、干燥、拣剔、过筛、打堆、烘焙、装箱。新工艺白茶起初是为了适应港澳市场而研制，随着茶文化的传播，现在已远销欧盟及东南亚、日本等多个国家和地区。

性状　叶底展开后色泽青灰带黄，筋脉带红。

汤色　色泽橙红。

口味

滋味浓厚清甘。

适宜人群

一般人群都可饮用，特殊禁忌者除外。

主要功效

抗辐射，护肝，防癌。

性状特点

叶张略有缩褶，呈半卷条形，色泽暗绿带褐。

饮茶提示

新工艺白茶的保健作用属细水长流类，不宜间断，否则难以起到一定的功效，故此茶宜常饮，不宜间断饮用。

挑选储藏

优质新白茶色泽暗绿带褐，香清味浓，汤色味似绿茶但无清香，似红茶无酵感，味道浓醇清甘。可将新白茶储藏在新买的暖水瓶中，然后用白蜡封口并裹胶带，置于干燥、阴凉处。

制茶工序

新工艺白茶分萎凋、轻揉、干燥、拣剔、过筛、打堆、烘焙、装箱八道工序制作而成。

在初制的时候，原料鲜叶经过萎凋后，迅速进入轻度揉捻，再经过干燥工艺，使其外形叶张略有缩褶，呈半卷条形，色泽暗绿略带褐色；之后经拣剔、过筛、打堆、烘焙后成品装箱即可。新工艺白茶汤味较浓，汤色较浓，深受消费者的喜爱。

评茶论道

我国是茶和茶文化的故乡，各民族地区对茶有着不同的感情。我国少数民族就有婚俗中用茶的习惯，不同的民族有不同的茶婚俗，形成多姿多彩的茶文化。云南的拉祜族，男方去女方家求婚时，必须带着一包茶叶、两只茶罐及两套茶具。女方家长则根据男方送来的"求婚茶"质量的优劣，判断男方劳动本领的高低，也是决定是否将女儿嫁出去的因素之一。

品茶伴侣

柿叶山楂茶

材料： 新柿叶10g，山楂12g，新工艺白茶3g。

做法： 在锅中加250ml水，放入柿叶、山楂，煮开离火后加入茶叶。

功效作用： 有助于消化、护肝防癌。

生活妙用

抗辐射： 新白茶茶叶中的脂多糖具有防辐射的功效，可防御放射性物质锶90和钴60的毒害。

护肝： 新白茶含有维生素K，可促进肝脏合成凝血素，能保护肝脏。

抗癌： 新白茶含有多酚类化合物，这类化合物可以对一种参与特定癌症形成的分子起到抑制作用。

🫖 品饮赏鉴

1 茶具准备

茶匙1个，新白茶3g左右，冲洗干净的透明玻璃杯或瓷杯1个等。

2 投茶

在投茶前先用热水温一下玻璃杯，然后用茶匙将茶叶置入透明玻璃杯中。

3 冲泡

向杯中注入开水，到杯身一半时停止注水，待茶叶完全浸透，再慢慢注入八分水。

4 分茶

将泡好的茶水倒入茶杯，七分满为宜。

5 赏茶

汤色逐渐变得橙红，茶芽徐徐伸展，缕缕茶香沁人心脾。

6 品茶

待茶汤冷热适中时可细啜慢品，体会齿颊留芳、甘泽润喉的感觉。

风味煎菜盒

🍲 **茶点茶膳**

材料： 虾皮200g，韭菜500g，炒蛋150g，酱油、花椒油、味精、姜末、新白茶末、精盐各适量。

制作：

1. 韭菜洗净切碎，虾皮、炒蛋切碎，拌匀加佐料和成馅儿，盐最好在包的时候再放，不然容易使韭菜出水。

2. 面团揉匀，分割成均匀的剂子，擀成面饼，一侧放入适量馅儿。

3. 封口，捏花。

4. 锅内放少许油，烧热，放入盒子烙至两面金黄即可。

口味： 色泽金黄，味道鲜嫩、清香。

第七章　乌龙茶

　　乌龙茶也称青茶，属半发酵茶，是中国茶的代表。其采摘一定成熟度的鲜叶，经萎凋、做青、杀青、揉捻、干燥制作而成。乌龙茶既有红茶的浓鲜味，又有绿茶的清芬香，茶汤为透明的琥珀色，可谓色、香、味俱全。乌龙茶分解脂肪、减肥健美的功效，我们早已耳闻，但为何在日本有"美容茶""健美茶"之美誉？日韩风占据时下潮流，这一赞誉不得不勾起我们探析的欲望。

安溪铁观音

主产区：中国福建　品鉴指数：★★★★★

杀菌固齿
醒酒提神

　　产于福建安溪。安溪铁观音是乌龙茶的代表，是中国乌龙茶名品，介于绿茶和红茶之间，属半发酵茶。于一九一九年引进木栅区试种，分"红心铁观音"和"青心铁观音"两种。三月下旬萌芽，一年分四季采制，谷雨至立夏为春茶，夏至至小暑为夏茶，立秋至处暑为暑茶，秋分至寒露为秋茶。品质以秋茶为最好；春茶次之；夏、暑茶品质较次。铁观音的采制特别，不采幼嫩芽叶，而采成熟新梢的二三叶，俗称"开面采"。指叶片已全部展开，形成驻芽时采摘。

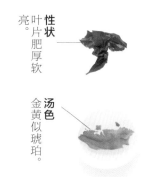

性状　叶片肥厚软亮。

汤色　金黄似琥珀。

口味
滋味醇厚甘鲜，回甘悠长。

适宜人群
一般人群都可饮用，特殊禁忌者除外。

主要功效
杀菌，固齿，提神。

性状特点
条索肥壮，圆整呈蜻蜓头状。

饮茶提示
　　铁观音由于发酵期短且偏寒性，消脂、促消化功能突出，茶香浓郁，尤耐冲泡，需注意空腹不能喝铁观音，否则易醉茶。

挑选储藏
　　挑选铁观音时可将干茶捧在手上对着光线检视，看茶叶颜色是否鲜活，冬茶颜色应为翠绿；春茶则为墨绿，最好有砂绿白霜。如果茶叶灰暗枯黄，则为劣品。储藏铁观音时要充分保持干燥，避免与带有异味的物质接触，不要挤压或撞击茶叶。

品种辨识

感德铁观音
　　茶汤色泽清淡、鲜亮，口感清甘爽朗。

祥华铁观音
　　茶汤醇厚回甘，口感清甘爽朗，回味绵长。

西坪铁观音
　　香气浓郁，汤色黄绿、清纯见底，口感酸中有香，香中含酸。

茶之传说

相传清朝乾隆年间，安溪西坪上尧茶农魏饮制得一手好茶。一天晚上，魏饮梦见观音菩萨引领自己到一处山崖，他发现有一株散发兰花香味的茶树，就忍不住去采摘，却被村中犬吠声惊醒。魏饮心有不甘，第二天向着梦中的地方走去，果然在崖石上发现了那株茶树。魏饮大喜，就将这株茶树挖回家培植。几年后茶树枝叶茂盛。因茶重如铁，又是观音菩萨托梦所得，魏饮就为它取名"铁观音"。

品茶伴侣
芦甘韭菜茶

材料：芦荟、甘草、大蒜、韭菜、铁观音茶、醋各适量。

做法：把芦荟、甘草与醋调匀；大蒜、韭菜捣烂成糊状；茶叶用水浸泡，捣烂。

功效作用：有助于消炎杀菌、平喘止咳。

生活妙用

杀菌：铁观音中的茶多酚进入胃肠道后，可缓和肠道运动，又能使肠道蛋白质凝固，细菌本身是由蛋白质构成的，茶多酚与细菌蛋白质相遇后，细菌即被杀死。

固齿：铁观音中的氟化物溶解于开水，与牙齿中的钙质相结合，在牙齿表面形成一层保护膜，对坚固牙齿有一定的作用。

提神：铁观音中的咖啡碱具有兴奋中枢神经、增进思维、提高效率的功能。饮用后可以提神、清醒头脑。

 品饮赏鉴

1 茶具准备
紫砂水平壶、开水壶、公道杯、品茗杯、闻香杯、茶巾、茶道组合、铁观音等。

2 投茶
投茶前用沸水冲淋紫砂水平壶，提高壶温；然后把铁观音拨入紫砂壶内。

3 冲泡
向紫砂壶中注入纯净水，使茶叶翻滚，达到温润和清洗茶叶的目的。

4 分茶
茶叶泡一两分钟后，茶汤依次巡回注入茶杯，七分满。

5 赏茶
把泡开的茶叶放入白瓷碗中，铁观音的"绿叶红镶边"尽现眼中。

6 品茶
观汤色、闻茶香后，细啜体会铁观音的真韵，滋味醇厚鲜爽，回甘悠长。

红烧鸡爪

 茶点茶膳

材料：鸡爪12个，安溪铁观音茶末3g，生抽、老抽、盐、辣椒、八角、油、葱、蒜各适量。

制作：

1. 将解冻的鸡爪洗净后，把鸡爪的尖趾甲剁掉。

2. 在水中放入生抽、老抽、盐、辣椒、八角适量；水开后放入鸡爪，大火煮20分钟。

3. 把炒锅烧热，放油、葱、蒜、安溪铁观音茶末，把鸡爪放入炒锅中翻炒。

口味：滑软香甜，茶香宜人。

黄金桂

防癌抗老　排毒提神

产于安溪虎邱美庄村。现乌龙茶中发芽最早的品种，又名黄旦，是以黄旦茶树嫩梢制成的乌龙茶，因其汤色金黄，有似桂花香味，故名黄金桂。黄旦植株属小乔木型，中叶类，早芽种。树枝半开展，分枝较密，节间较短；一年生长期八个月，适应性广，抗病虫能力较强，单产较高。成品茶条索紧细，色泽润亮金黄；汤色金黄明亮；香气优雅鲜爽，略带桂花香味；叶底中央黄绿，边缘朱红，素以"一闻香气而知黄旦"著称，古有"未尝天真味，先闻透天香"之誉。

性状　叶黄绿底，中央缘朱红。

汤色　金黄透明，茶黄绿底，单薄。

口味
味道醇细甘鲜。

适宜人群
一般人群都可饮用，特殊禁忌者除外。

主要功效
抗衰老，提神，抗癌。

性状特点
条索紧细，茶梗细小。

饮茶提示
好茶好水好茶具，俗话说："水乃茶之母，器乃茶之父"，有了好茶叶，更需好水、好茶具，才能将其神韵表现得淋漓尽致。

挑选储藏
将优质黄金桂干茶捧在手上对着光线检视，条形或球形茶色鲜活，有砂绿白霜，像青蛙皮。红边是发酵适度的信号。有白毫绿叶，说明发酵不足，泡起来带青味，苦涩伤胃。要低温干燥储藏，避免和有刺激性物质存放在一起。

制茶工序
黄金桂采摘标准为新梢伸育形成驻芽后，顶叶呈小开面或中开面时采下二三叶。鲜芽采回后就可制作了，其制作工序和铁观音相同，特别注意晒青程度应比铁观音轻，失重掌握5%~7%为宜。摇青宜轻，第四次摇青可稍重，经过四至五次摇青、晾青后，可进行炒揉。杀青时间要短，但要炒透。因黄金桂注重香气清纯，特别要求烘焙温度要低，火候宜稍轻。

评茶论道

　　现代著名画家丁聪的漫画代表作品《茶馆画旧》共有四幅，分别是《沏开水》《一盅两件》《'吃讲茶'的'英雄'》和《'知音'》。《沏开水》中描绘的是四川茶馆的堂倌正在冲水，表现出了他高超娴熟的冲水技艺；《一盅两件》是对往日广东早茶场景的真实描绘；《'吃讲茶'的'英雄'》中描绘的是旧时上海滩茶楼中的一个场景；《'知音'》描绘的是北京茶客和鸟迷们。

品茶伴侣

玫瑰乌龙茶

材料： 黄金桂茶3g，玫瑰花2g。

做法： 将黄金桂茶及玫瑰花放入茶壶中，用沸水冲泡2分钟即可。

功效作用： 有助于活血养颜、和胃养肝。

生活妙用

抗衰老： 黄金桂中含有维生素E，其能对抗自由基的破坏，促进人体细胞的再生与活力。

防癌： 黄金桂中含有一种茶单宁物质，这种物质能够维持人体内细胞的正常代谢，抑制细胞突变和癌细胞分化。

提神： 黄金桂中所含生物碱是一种兴奋剂，能促使人体的中枢神经系统兴奋，增强大脑皮层的兴奋过程，使人感觉大脑清醒。

◎ 品饮赏鉴

1 茶具准备
用温水烫过的紫砂壶，茶匙，黄金桂7g左右等。

2 投茶
用茶匙将黄金桂茶叶置入紫砂壶中。

3 冲泡
用100℃的沸水冲泡黄金桂干茶，使其充分浸润。

4 分茶
将泡好的黄金桂依次倒入茶杯，七分满为宜。

5 赏茶
汤色逐渐变得金黄透明，茶香扑鼻，空谷幽兰。

6 品茶
第一泡为洗茶，不喝；以二、三泡香气最佳，待茶汤冷热适中时，可小口慢慢品茗。

西湖牛肉羹

材料： 瘦牛肉500g，豆腐250g，鸡蛋2个，香菜、黄金桂茶末、精盐、味精各适量。

制作：

1. 把瘦牛肉洗净剁碎，放入沸水中氽熟，捞出；豆腐切成丁，香菜洗净切末。

2. 往锅中倒清水，放入牛肉、豆腐、茶末烧开，调入精盐、味精，倒入鸡蛋清、香菜末即可。

口味： 滑软香甜，茶香宜人。

武夷大红袍

养目减肥　护胃抗老

　　产于福建武夷山。武夷岩茶中品质最优的一种乌龙茶，素有"茶中状元"之美誉。大红袍茶生长在武夷山九龙窠高岩峭壁上，上面至今仍保留着一九二七年天心寺和尚所作的"大红袍"石刻。此地日照短，多反射光，昼夜温差大，岩顶终年有细泉浸润流滴，造就了大红袍的特异品质。武夷大红袍属于单枞加工、品质特优的"名枞"，各道工序全部由手工操作，以精湛工艺制作而成。成品茶香气浓郁，滋味醇厚，饮后齿颊留香，经久不退，冲泡九次犹存原茶的桂花香味。

性状
绿显嫩带毫芽略紫芽壮深。

汤色
有香橙气兰气黄馥花馥明香郁亮。

口味
味道醇细甘鲜。

适宜人群
一般人群都可饮用，特殊禁忌者除外。

主要功效
护胃，养目，减肥。

性状特点
外形条索紧结。

饮茶提示
　　神经衰弱者不宜常饮大红袍，大红袍含有咖啡碱，是一种兴奋剂，能对人的中枢神经系统起到兴奋作用，使人处于高度亢奋状态。

挑选储藏

　　优质大红袍外形肥壮、紧结匀整，为扭曲的条球形，与"蜻蜓头"相似；叶背有蛙皮状的砂粒，就像"蛤蟆背"一样；色泽绿润带宝色，俗称"砂绿润"。大红袍应储藏于干燥阴凉处，真空包装，还可将其放在温度-5℃~5℃的冰箱中。

制茶工序

　　大红袍采摘期在每年春天，要求采摘三至四叶开面新梢。制作工艺独到，较为复杂，时间冗长。传统的工艺有倒（也叫晒）、晾、摇、抖、撞、炒、揉、初焙、簸、拣、复火、分筛、归堆、拼配等十四道工序。其制作工序关键在于制茶师傅要会"看青做青""看天做青"。使大红袍冲泡七八次仍有余香。

茶之传说

传说很久以前，一位穷秀才上京赶考，途径福建武夷山时，病倒在地。幸好被天心庙的一位老方丈遇到，他见秀才脸色苍白，体瘦腹胀，就为他泡了一碗茶。第二天，秀才的病就好了。秀才此次进京赶考高中状元，还被皇帝招为驸马。对于老方丈的救命之恩，秀才时刻挂在心上，并前来天心庙拜谢恩公，离开天心庙时老方丈又给了秀才一些茶叶。回到宫中恰逢皇后肚疼鼓胀，他就为皇后冲泡了方丈送的茶叶，皇后服用此茶后大病痊愈。从此大红袍就成了每年进奉皇帝的贡茶。

品茶伴侣
荷叶乌龙茶

材料： 大红袍5g，干荷叶5g，陈葫芦1g，橘皮3g。

做法： 将干荷叶、陈葫芦、橘皮研为细末，混入大红袍中；反复冲泡至茶水清淡为度。

功效作用： 可以瘦身、祛油腻。

生活妙用

护胃： 大红袍中的儿茶素对胃黏膜起收敛作用，适当抑制了胃液的分泌，对胃起着保护作用。

养目： 茶中胡萝卜素B-紫萝酮是维生素A原，它可转化为维生素A，维生素A能防治上皮组织角质变性增殖泪腺细胞病变，防止角膜角质增厚，防止眼疾。

减肥： 大红袍所含肌醇、叶酸、泛酸和芳香类物质等能调节脂肪代谢，对蛋白质和脂肪有很好的分解作用，有一定的减肥功能。

 品饮赏鉴

1 茶具准备
紫砂壶、茶匙、开水壶、大红袍等。

2 投茶
开水浇烫茶壶，提高壶温，然后用茶匙将大红袍拨入紫砂壶中。

3 冲泡
提高开水壶，向紫砂壶内冲水，使茶叶随水浪翻滚，起到用开水洗茶的作用。

4 分茶
将泡好的茶汤倒入茶杯，边品边赏。

5 赏茶
叶底三分红，七分绿。叶片的周边呈暗红色，叶片的内部呈绿色，美不胜收。

6 品茶
品饮大红袍茶讲究"头泡汤，二泡茶，三泡、四泡是精华"，慢品细啜。

🍚 **茶点茶膳**

双耳肉片汤

材料： 瘦猪肉20g，干木耳10g，韭黄5g，大红袍茶末3g，淀粉、盐、鸡精各适量。

制作：

1. 干木耳泡开；瘦猪肉切片；韭黄切段加盐，和淀粉水拌匀。

2. 烧开水，将拌匀的食材入锅，并加入大红袍茶末和鸡精。

口味： 汤鲜爽口，清香袭人。

铁罗汉

主产区：中国福建　品鉴指数：★★★★

提神解乏
护齿解腻

产于福建武夷山，武夷山四大名枞之一，多为人工种植。产区主要有两个：名岩产区和丹岩产区。铁罗汉虽然极难种植，但茶农们利用武夷山多悬崖绝壁的特点，在岩凹、石隙、石缝中甚至砌筑石岸种植铁罗汉，有"盆栽式"铁罗汉园之称。每年五月中旬开始采摘，以二叶或三叶为主，经晒青、晾青、做青、炒青、初揉、复炒、复揉、走水焙、簸拣、摊晾、拣剔、复焙、再簸拣、补火制作而成。

性状
叶底软亮，叶心叶缘朱红，淡绿带黄。

汤色
清澈，呈深橙黄色。

口味
甘馨可口。

适宜人群
一般人群都可饮用，特殊禁忌者除外。

主要功效
提神，护齿，解腻。

性状特点
条形壮结、匀整。

挑选储藏

优质铁罗汉条索壮结重实，略呈圆曲，色泽青绿油润，有花香；如条索粗松、色泽乌褐、有烟味，则为劣质产品。储藏时要清洁、防潮、避光和无异味，远离污染源。

生活妙用

提神：铁罗汉含有3%~5%的咖啡碱，其被人体吸收后，可加强大脑皮质感觉中枢活动、对外界刺激的感受更为敏锐，使人精神振奋。

护齿：铁罗汉中含氟量较高，对预防龋齿、护齿、坚齿有一定的疗效。

解腻：汤中含有芳香族化合物，它们能溶解油脂，帮助消化肉类和油类等食物。

 品饮赏鉴

1 茶具准备
冲洗干净的200ml透明玻璃杯，5g左右铁罗汉茶，茶匙等。

2 冲泡
茶叶得到充分浸润，茶芽舒展开来，在橙黄色茶汤中翻翩起舞。

3 品茶
1分钟后开始品饮，滋味浓厚甘醇，带有淡淡的花香。

白鸡冠

主产区：中国福建　品鉴指数：★★★★

抗癌减肥 解乏杀菌

产于福建武夷山，武夷山四大名枞之一。茶树势不大，但枝干坚实，分枝颇多，生长旺盛，叶色淡绿，顶端茶芽微黄且弯垂，毛绒绒的犹如白锦鸡头上的鸡冠，故名白鸡冠。相传为宋时止止庵住持白玉蟾所培育。因产量稀少，让人备感神秘。每年五月下旬开始采摘，以二叶或三叶为主。成品茶色泽米黄乳白，汤色橙黄清澈，入口齿颊留香，回味绵长。

叶芽 **性状** 色叶 淡如 绿鸡 。冠，

明色 **汤色** 亮泽 。色 橙 泽 黄 橙 黄

口味
回甘隽永。

适宜人群
一般人群都可饮用，特殊禁忌者除外。

主要功效
抗癌，解乏，治脚气。

性状特点
条索较紧结，形似鸡冠。

挑选储藏

挑选时可手捧干茶贴紧闻其味，吸气后如果香气持续甚至愈来愈强，证明是好茶；有青气或杂味者为劣质产品。存储时要密封、低温、干燥，避免和有刺激性气味的物体放一起。

生活妙用

治脚气：杀菌治脚气。白鸡冠里含有单宁酸，其具有杀菌作用，尤其对治疗脚气的丝状菌有一定疗效。

抗癌：白鸡冠所含维他命C和维他命E能阻断致癌物——亚硝胺的分解，对防治癌症有较高功效。

解乏：白鸡冠中的咖啡碱可排除尿液中过量乳酸，有助于人体尽快消除疲劳。

 品饮赏鉴

1 茶具准备
冲洗干净的200ml透明玻璃杯，5g左右铁罗汉，茶匙等。

2 冲泡
茶叶得到充分浸润，茶芽舒展开来，在橙黄色茶汤中翩翩起舞。

3 品茶
一分钟后可品饮；茶汤橙黄明亮，滋味回甘隽永，淡雅花香留在唇齿间。

水金龟

杀菌消炎　瘦身美肤

产于福建武夷山牛栏坑社葛寨峰下的半崖上。武夷岩茶四大名枞之一，因茶叶浓密且闪光犹如金色之龟而得名。水金龟属半发酵茶，有铁观音之甘醇，又有绿茶之清香，其在清末备受茶客推崇，名扬大江南北。水金龟茶树树皮灰白色，枝条稍微弯曲，叶长圆形。每年五月中旬采摘，以二叶或三叶为主，色泽绿里透红，滋味甘甜，香气高扬，浓饮也不见苦涩。

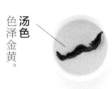

叶底软亮。　**性状**

色泽金黄。　**汤色**

口味

味道甘甜，香气高扬。

适宜人群

一般人群都可饮用，特殊禁忌者除外。

主要功效

助消化，瘦身，杀菌。

性状特点

条索肥壮，紧结。

挑选储藏

优质水金龟条索壮结重实，色泽沙绿乌润或青绿油润，有花香；如条索粗松、轻飘，色泽乌褐，有烟味，则为劣质产品。储藏水金龟时要清洁、防潮、避光和无异味，并保持通风干燥，远离污染源。

生活妙用

助消化：水金龟含有茶单宁酸成分，可促进胃液分泌，提升胃肠蠕动，有效帮助消化。

瘦身：水金龟中的维生素B1能促使脂肪充分燃烧，转化为人体所需要的热能，可以达到减肥的效果。

杀菌：水金龟中的醇类、醛类、酯类、酚类等有机化合物，可抑制人体的各种病菌。

 品饮赏鉴

1 茶具准备

冲洗干净的白瓷小杯1个，水金龟2~3g，茶荷，茶匙等。

2 冲泡

将水金龟从茶荷中取出置入白瓷杯中，然后注入100℃沸水，充分浸泡干茶。

3 品茶

茶汤冷热适中时可细啜慢品，体会齿颊留芳、甘泽润喉的感觉。

武夷肉桂

主产区：中国福建　品鉴指数：★★★★

抗老防癌　护齿利尿

产于福建著名的武夷山风景区。因其香气、滋味似桂皮，俗称"肉桂"。该茶是用肉桂良种茶树鲜叶，以武夷岩茶的制作方法制成，为岩茶中的高香品种。每年四月中旬茶芽萌发，五月中旬开采岩茶，通常每年可采四次，而且夏秋茶产量尚高。在晴天采茶，于新梢顶叶中采摘二三叶，俗称"开面采"。干茶嗅之有甜香，冲泡后茶汤橙黄清澈，有奶油、花果、桂皮香。

性状
叶底黄亮，呈红绿状。叶鲜明，叶点红镶边。

汤色
橙黄清澈。

口味
回甘隽永。

适宜人群
一般人群都可饮用，特殊禁忌者除外。

主要功效
抗菌，护齿，利尿。

性状特点
条索匀整卷曲，色泽褐禄。

挑选储藏

优质武夷肉桂常带有一层极细白霜，条索紧实扭曲，色泽乌褐或蛙皮青，油亮有细白点。储藏武夷肉桂时要清洁、防潮、避光和无异味，并保持通风干燥，远离污染源。

生活妙用

抗癌：武夷肉桂中的茶多酚是最主要的抗癌物质，各种维生素以及茶叶中的皂素也能起到防癌抗癌的作用。

护齿：武夷肉桂中的氟离子与牙齿的钙质结合，能形成一种较难溶于酸的氟磷灰石，可以保护牙齿，使其更坚固。

利尿：武夷肉桂中的茶多酚被称为"人体器官最佳清洁卫士"，在促进肠道和胃的蠕动时也能达到利尿的目的。

🫖 品饮赏鉴

1 茶具准备
2~3g武夷肉桂，冲洗干净的透明玻璃杯1个，茶荷、茶匙等。

2 冲泡
将武夷肉桂从茶荷中取出置入透明玻璃杯中，然后注入90℃沸水，充分浸泡干茶。

3 品茶
待茶汤冷热适中时小口慢慢品茗，浓而不涩，醇而不淡，回味清甘。

闽北水仙

防暑杀菌 消肿抗老

闽北乌龙茶中两个花色品种之一。水仙品种茶树属半乔木型，枝条粗壮，鲜叶呈椭圆形。春茶于谷雨前后采摘驻芽第三四叶，每年分四季采制。清光绪年间，畅销国内和东南亚一带，产量曾达五百吨。一九一四年在巴拿马赛事中得一等奖，一九八二年在全国名茶评比中获银奖。现在，闽北水仙占闽北乌龙茶销量十之六七。

性状 叶底柔软，叶缘朱砂红。

汤色 色泽红艳明亮。

口味
味道醇厚回甘。

适宜人群
一般人群都可饮用，特殊禁忌者除外。

主要功效
消肿，抗老，防暑。

性状特点
条索紧结沉重，叶端扭曲。

挑选储藏

干茶条索紧结沉重，色泽油润、暗沙绿；有兰花清香。储藏时先将茶叶炒干或烘干再储藏，注意避免焦糊、破碎或异味污染。

生活妙用

消肿：闽北水仙中含有生物碱，如咖啡碱、茶叶碱、可可碱、腺嘌呤等，这些物质有消浮肿、解酒精毒害等保健功能。

抗老：闽北水仙含多种营养维生素，其中维生素E能防衰老、抗瘤、抑制动脉硬化。

防暑：闽北水仙中的生物碱可调节人体体温，带走皮肤表面的热量，在炎热夏季饮用可起到消暑的作用。

🍵 品饮赏鉴

1 茶具准备
茶荷1个，闽北水仙茶3g左右，用温水烫过的紫砂壶1个等。

2 冲泡
将茶荷中的闽北水仙拨入紫砂壶中，向壶中注入开水，温度以90℃为宜。

3 品茶
细品慢啜，从舌尖到舌面再到舌根，位置不同，香味也有细微差异。

冻顶乌龙

预防蛀牙　避瘴祛暑

　　产于台湾鹿谷附近的冻顶山，山多雾，路陡滑，上山采茶都要将脚尖"冻"起来，避免滑下去，所以称为冻顶茶。因产量有限，尤为珍贵。冻顶茶一年四季均可采摘，春茶采摘从三月下旬至五月下旬；夏茶采摘从五月下旬至八月下旬；秋茶采摘从八月下旬至九月下旬；冬茶则在十月中旬至十一月下旬。采摘未开展的一芽二三叶嫩梢，分初制与精制两大工序制作而成。

性状
红边叶底边缘镶。

汤色
蜜绿带金黄。

口味
味道醇厚。

适宜人群
一般人群都可饮用，特殊禁忌者除外。

主要功效
美肤，抗脂，防癌。

性状特点
呈半球状，色泽墨绿，边缘隐有金黄色。

挑选储藏

　　优质冻顶乌龙茶呈墨绿色，乌龙茶香型，伴有花香。储藏时可将其置于干燥、无异味、能密封的盛器瓶中，放于冷藏柜中即可。

生活妙用

美肤：冻顶乌龙茶所含人体必需微量元素硒，可预防某些皮肤疾病，让皮肤健康亮丽，不受细菌侵扰。

抗脂：冻顶乌龙茶含有茶多酚能降低血液中的胆固醇、甘油三酯及低密度脂蛋白，还能降低胆固醇与磷脂的比例，对高血压的治疗有很大的帮助。

防癌：茶中的皂素能抑制体内致癌物亚硝基化合物的形成，起到防癌抗癌的作用。

 品饮赏鉴

1 茶具准备
　　茶匙1个，冻顶乌龙茶2~3g，冲洗干净的透明玻璃杯或瓷杯1个等。

2 冲泡
　　用茶匙将茶叶轻轻置入玻璃杯中，向杯中注入100℃的沸水，充分浸泡干茶。

3 品茶
　　小口细啜慢饮，方能品茶之韵味，进入茶之境界。

永春佛手

主产区：中国福建　品鉴指数：★★★★

降压抗老 止泻减肥

　　主产于福建永春苏坑、玉斗和桂洋等乡镇，海拔六百至九百米高山处。茶树属大叶型灌木，因其树势开展，叶形酷似佛手柑，因此得名"佛手"。地理环境群峰起伏，山地资源丰富，属亚热带季风气候区，全年雨量充沛，为其生长提供了良好环境。茶树品种有红芽佛手与绿芽佛手两种（以春芽颜色区分），以红芽为佳。三月下旬萌芽，四月中旬开采，分四季采摘，春茶占40％。常饮可减肥、止渴消食、除痰、明目益思、除火去腻。

性状
叶肉肥厚，质地柔软。

汤色
色泽橙黄，清澈。

口味
味道甘厚。

适宜人群
一般人群都可饮用，特殊禁忌者除外。

主要功效
抗衰老，减肥，止泻。

性状特点
条索紧结肥壮，卷曲。

挑选储藏

　　优质永春佛手条索紧结，粗壮肥重，色泽砂绿油润，汤色金黄透亮，味道甘醇。储藏于二层防潮性好的薄膜袋并密封，放置于冰箱。

生活妙用

抗衰老：永春佛手茶叶中的茶多酚有抗衰老功能，长期饮用可促进人体细胞的再生与保持活力。

减肥：永春佛手含有维生素B1，能促使脂肪充分燃烧，转化为人体所需要的热能，达到减肥的效果。

止泻：腹泻都是由于体内有病菌而导致的，永春佛手含有鞣质类成分，具有抗病菌的作用，可防止腹泻。

 品饮赏鉴

1 茶具准备
　　茶匙1个，永春佛手3g左右，冲洗干净的透明玻璃杯或瓷杯1个，开水壶等。

2 冲泡
　　用茶匙将永春佛手拨入玻璃杯，初泡时，提壶注入杯中，使茶叶转动、露香。

3 品茶
　　先嗅其香，后尝其味，边啜边嗅，浅杯细饮，味道甘厚，回味绵长。

毛蟹茶

主产区：中国福建　品鉴指数：★★★★

提神抗菌　强心解痉

产于福建安溪福美大丘仑，以品种命名的一种乌龙茶。树冠形成迅速，成园较快，适应性广，抗逆性强，一年生长期为八个月，易于栽培。采摘时间以中午十二时至下午三时较佳，不同的茶采摘部位也不同，有的采一个顶芽和芽旁的第一片叶子，即"一心一叶"；有的多采一叶，即"一心二叶"；也有"一心三叶"。干茶紧结，梗圆形，色泽褐黄绿；汤色青黄或金黄色。

性状 圆叶小底叶。叶张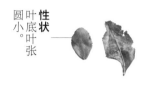

汤色 色泽青黄或金黄色。

口味
味道醇厚，有观音香。

适宜人群
一般人群都可饮用，特殊禁忌者除外。

主要功效
抗菌，除臭，提神。

性状特点
外形紧密，砂绿色。

挑选储藏

优质毛蟹茶颗粒手感好、均匀，落入盘中分量感明显。储藏于有双层盖的马口铁茶叶罐里，最好装满而不留空隙，再将茶罐装入尼龙袋，封好袋口。

生活妙用

提神：毛蟹中的咖啡碱具有兴奋中枢神经、增进思维、提高效率的功效，饮用后可使精神振奋、头脑清醒。

抗菌：毛蟹中的茶多酚和鞣酸作用于细菌，能凝固细菌中的蛋白质，将细菌杀死。

除臭：毛蟹中含有维生素C，长期饮用可补充维生素C，防止牙龈出血而产生口臭。

 品饮赏鉴

1　茶具准备
茶匙1个，毛蟹茶7g左右，用温水冲洗过的紫砂壶1个等。

2　冲泡
用茶匙将毛蟹茶置入紫砂壶中，注入100℃沸水，充分浸泡干茶。

3　品茶
茶汤冷热适中时可细啜慢品，齿颊留芳，甘泽润喉。

凤凰单枞

主产区：中国广东　品鉴指数：★★★★

抑菌去腻　提神利尿

产于广东潮州凤凰山。凤凰单枞生长的土壤肥沃深厚，含有丰富的有机物质和多种微量元素，有利于茶树的发育，形成茶多酚和芳香物质。一般在午后采摘，当晚加工，经晒青、晾青、碰青、杀青、揉捻、烘焙等工序，历时十小时制成成品茶。现在尚存的三千余株单枞大茶树，树龄均在百年以上，性状奇特，品质优良，单株高大如榕，每株年产干茶十余千克。

性状　腹朱叶，黄红底边，亮。叶缘

汤色　色泽金黄，明亮。

口味

味浓，微甜，带姜花味。

适宜人群

一般人群都可饮用，特殊禁忌者除外。

主要功效

提神，去腻，利尿。

性状特点

条索紧卷，硕大，呈黑褐色。

挑选储藏

优质凤凰单枞成茶有天然姜花香，味道浓醇爽口，极耐冲泡。储藏时要清洁、防潮、避光和无异味，并保持通风干燥，远离污染源。

生活妙用

提神： 凤凰单枞茶叶的咖啡碱能兴奋中枢神经系统，帮助人们振奋精神，增进思维，消除疲劳，提高工作效率。

去腻： 凤凰单枞含有茶单宁酸成分，可促进胃液分泌，有促进胃肠蠕动的作用，饭后喝茶，可消化油腻东西。

利尿： 凤凰单枞茶叶中的咖啡碱可起到刺激肾脏的作用。喝茶后，咖啡碱进入体内，刺激肾脏，可加速尿液排出体外。

 品饮赏鉴

1 茶具准备

3g凤凰单枞，茶匙，茶荷，透明玻璃杯或瓷杯1个，并用清水冲洗干净。

2 冲泡

将茶荷中凤凰单枞置入玻璃杯，为使茶叶充分吸收水分，显露茶香，用100℃的水冲泡。

3 品茶

茶汤冷热适中时可细啜慢品，从舌尖到舌面再到舌根，品味茶之兰花香。

石古坪乌龙茶

瘦身抗老 防癌降压

　　产于广东潮州潮安凤凰镇石古坪。产地海拔多在一千米以上，土层深厚，质地疏松，富含有机质，昼夜温差大，常年云雾缭绕，为茶树提供良好的生长环境。采用"骑马式"采茶法，轻采轻放勤送。采茶及加工均在夜间进行。采回的鲜叶经晒青、晾青、摇青、静置、杀青、揉捻、焙干等七道工序加工制作而成。成品茶外形油绿细紧；汤色黄绿清澈，叶底嫩绿。

性状
叶底嫩绿。

汤色
色泽黄绿，清澈明亮。

口味
味道鲜醇爽口。

适宜人群
一般人群都可饮用，特殊禁忌者除外。

主要功效
防癌，提神，抗老。

性状特点
外形油绿细紧。

挑选储藏

　　优质石古坪乌龙茶油绿细紧；汤色黄绿清澈，叶底嫩绿，叶边呈一线红。储藏时要清洁、防潮、避光和无异味，远离污染源。

生活妙用

防癌： 石古坪乌龙中的茶多酚能够抑制和阻断人体内致癌物亚硝基化合物的形成，长期饮用有一定防癌功能。

瘦身： 石古坪乌龙中含有维生素B1，其能促使脂肪充分燃烧，转化为人体所需要的热能，从而达到瘦身减肥的效果。

抗老： 石古坪乌龙中含有的茶多酚类物质，能清除氧自由基，具有抗氧化性和生理活性，能促进人体细胞的再生与活力，长期饮用可抗衰老。

 品饮赏鉴

1 茶具准备
　　茶匙，茶荷，2~3g石古坪乌龙，透明玻璃杯或瓷杯1个，并用清水冲洗干净。

2 冲泡
　　将茶荷中的石古坪乌龙置入玻璃杯中，后注入100℃的沸水，使茶叶充分舒展。

3 品茶
　　细酌慢饮，品茶之清爽甘醇；茶香外溢，冲饮多次，茶味不减。

饶平色种

主产区：中国广东　品鉴指数：★★★★

解毒通便　清热提神

　　饶平色种是条形乌龙茶之一。采摘大叶奇兰、黄棪、铁观音、梅占等品种的芽叶制作而成。主要制作工序有晒青、摇青、炒青、揉捻、烘干。晒青要求先将采下的鲜叶在场内地面的竹帘上摊放，然后移到阳光下晒青，晒青后的叶子移入室内阴凉处晾青，叶摊于茶帘上，一小时后即可摇青。一般摇青五至六次。然后炒青一至两次，揉捻一至两次，最后烘焙至足干。

性状 芽叶淡绿，茸毛少。

汤色 色泽橙黄明亮。

口味
味道醇厚。

适宜人群
一般人群都可饮用，特殊禁忌者除外。

主要功效
提神，减毒，通便。

性状特点
条索卷曲肥壮，呈黑褐色。

挑选储藏

　　干茶捧在手上，对着明亮光线检视其条形、颜色是否鲜活，有砂绿白霜像青蛙皮者为好茶。储藏时注意防潮、避光和无异味。

生活妙用

提神：饶平色种中的儿茶素类及氧化缩和物可减缓咖啡因的兴奋作用，长期持续工作的人饮用可提神，保持头脑清醒。

解毒：饶平色种含有鞣酸，可以和一些重金属元素（如铅、锌、锑、汞等）发生化学反应，产生沉淀，饮用后通过尿液排出体外，让人体内的毒素排出。

通便：茶多酚可促进胃肠蠕动和胃液分泌、增加食欲。饮后被人体吸收，能通便。

 品饮赏鉴

1 茶具准备
　　茶匙，茶荷，2~3g饶平色种，透明玻璃杯或瓷杯1个，并用清水冲洗干净。

2 冲泡
　　将茶荷中的饶平色种轻轻拨入紫砂壶中，向壶中注入100℃的沸水。

3 品茶
　　茶汤冷热适中时可细啜慢品，口感醇厚，回味清甘。

文山包种

主产区：中国台湾　品鉴指数：★★★★

提神减肥 降脂利尿

　　产于台湾台北坪林、石碇、新店、深坑等地的台湾包种，是台湾北部茶类的代表，有"北文山，南冻顶"之说。文山包种属于轻度半发酵乌龙茶，又称"清茶"。地理环境坪林多丘陵，温暖潮湿，云雾弥漫，适宜茶树的生长。采摘要求雨天不采，带露不采，晴天要在上午十一时至下午三时采摘。春秋两季采二叶一心的茶菁，采时需用双手弹力平断茶叶，断口成圆形，不可用力挤压断口，否则会影响茶的品质。

性状 鲜叶绿底。色泽

汤色 色泽金黄，清澈明亮。

口味
味道甘醇鲜爽。

适宜人群
一般人群都可饮用，特殊禁忌者除外。

主要功效
减肥，防辐射，利尿。

性状特点
条索紧结，自然卷曲，墨绿油光。

挑选储藏

　　优质文山包种外形卷曲，呈条索状，色泽深绿；冲泡后汤色金黄，有清新的花香，滋味鲜爽。储藏文山包种时要低温干燥，远离污染环境，避免和有刺激性气味的物质存放在一起。

生活妙用

减肥： 文山包种中含有单宁酸，可降低血液中的胆固醇含量，长期饮用可以减肥瘦身。

防辐射： 文山包种中的脂多糖可吸附和捕捉电脑辐射，对长期使用电脑的人有一定保护作用。

利尿： 文山包种中的咖啡碱进入人体内，可刺激肾脏，促使尿液迅速排出体外。

🍵 品饮赏鉴

1 茶具准备
　　文山包种茶3g左右，茶荷，开水烫过的紫砂壶等。

2 冲泡
　　注入100℃沸水充分浸泡茶叶，茶芽舒展，茶香四溢。

3 品茶
　　细啜慢品，甘醇鲜爽，齿颊留芳。

木栅栏铁观音

解毒消食　杀菌止痢

　　产于台湾台北木栅区（现在的文山区）的一种中度发酵乌龙茶。鲜叶采摘正枞铁观音茶树。自然条件得天独厚，茶叶品质优良。一年分四季采制，采来的鲜叶力求新鲜完整，然后进行晾青、晒青和摇青（做青），再经筛分、风选、拣剔、匀堆、包装制成商品茶。成品茶卷曲成球状，绿中带褐，冲泡后汤色黄褐，有焦糖香或熟果香，滋味浓厚，有特殊的果酸味。

性状 腹叶绿底边红。

汤色 色泽橙红。

口味
口感醇正，有果香味。

适宜人群
一般人群都可饮用，特殊禁忌者除外。

主要功效
解毒，消食，止痢疾。

性状特点
条形卷曲，呈铜褐色。

挑选储藏

　　优质木栅栏铁观音茶叶紧结，放入茶壶有"当当"声且声音清脆；声哑为劣质茶叶。储藏在阴凉、避光或-5℃冰箱里。

生活妙用

减毒： 木栅栏铁观音中的茶多酚可以与水质中的一些重金属元素（如铅、锌、锑、汞等）发生化学反应，产生沉淀，饮用后可将这些毒素排除体外。

消食： 木栅栏铁观音茶叶中的咖啡碱能提高胃液的分泌量，可以帮助消化体内过剩食物。

止痢疾： 痢疾是体内病菌导致的，木栅栏铁观音中的鞣质类成分有抗病菌作用。

🍵 品饮赏鉴

1 茶具准备
　　茶荷，木栅栏铁观音茶3g左右，开水烫过的紫砂壶等。

2 冲泡
　　茶荷中的木栅栏铁观音轻轻拨入紫砂壶中，注入100℃沸水让茶叶在水中上下翻腾。

3 品茶
　　趁热细啜，先闻其香，后尝其味，边啜边闻，浅斟细饮，喉底回甘。

金萱茶

主产区：中国台湾　品鉴指数：★★★★

减肥护齿 抗癌防老

产自台湾南部嘉义县。台湾第二大种茶叶，种植广泛，分布在中低海拔地区。鲜叶采摘后经晒青、晾青、杀青、揉捻、初烘、饱揉、复烘七道工序。金萱茶最大特征就是有一股浓浓的天然"奶香"，这种天然的奶香很少有茶类可以做得出来，很受年轻饮茶者喜爱，为茶叶中香气较特殊的茶种之一。金萱茶汤甘美光亮，呈清澈蜜绿色；滋味甘醇浓郁，喉韵甚佳。

性状
芽叶淡绿。

汤色
清澈蜜绿。

口味
味道香浓醇厚。

适宜人群
一般人群都可饮用，特殊禁忌者除外。

主要功效
防衰老，抗瘤，抑制动脉硬化。

性状特点
卷曲呈半球状。

挑选储藏

优质金萱茶的制作过程中很少混入竹屑、木片等夹杂物，储藏金萱茶时要清洁、防潮、避光和无异味，并保持通风且远离污染源。

生活妙用

防老： 金萱茶中的单宁酸物质，能够维持人体内细胞的正常代谢，抑制细胞突变和癌细胞分化。

减肥： 金萱茶中的维生素B1则能促使脂肪充分燃烧，转化为人体所需要的热能，这样就会达到减肥的效果。

护齿： 金萱茶含氟，氟离子与牙齿钙质结合，形成较难溶于酸的氟磷灰石，使牙齿变坚固，有效提高抗龋能力，保护牙齿。

 品饮赏鉴

1 茶具准备
茶匙1个，金萱茶3g左右，冲洗干净的透明玻璃杯或瓷杯1个。

2 冲泡
将金萱茶置入凉的矿泉水中，静泡若干小时后，即可饮用。

3 品茶
味道香醇甘美，炎热的夏季饮用可带来与众不同的清爽感觉。

第八章　花茶、紧压茶

　　花茶是我国独特的茶叶品类。是以鲜花和新茶为原料，采用窨制工艺制作而成，进而茶引花香，花增茶味。紧压茶是以老青茶、黑毛茶等为原料，经渥堆、蒸、压等工序制成的砖形、圆形等形状的茶叶。紧压茶较粗老，色泽黑褐，需要水煮；汤色橙黄或橙红且鞣酸含量高，有利于消化，适合减肥者饮用。喝紧压茶时，蒙古人习惯加奶，故称奶茶；藏族人习惯加酥油，即称酥油茶。将花茶和紧压茶合章介绍，茶的特性得到了淋漓尽致的展现，也验证了我们所说的"体质不同，茶有所属"。

茉莉花茶

清肝明目
生津止渴

又叫茉莉香片，是花茶中的名品。茉莉花茶是将茶叶和茉莉鲜花进行拼和、窨制，使茶叶吸收花香制成的。茉莉花茶使用的茶叶称茶坯，一般以绿茶为多，少数用红茶和乌龙茶。茉莉花茶的花香是在加工过程中添加的，因此成茶中的茉莉干花大多只是一种点缀，不能以有无干花作为判断其品质的标准。茉莉花茶主要消费在我国的东北和华北地区。

性状
柔叶叶底
软。嫩匀

汤色
黄绿明亮。

口味

滋味醇厚鲜爽。

适宜人群

一般人群都可饮用，特殊禁忌者除外。

主要功效

清肝，降压，通便。

性状特点

条索紧细匀整。

挑选储藏

优质茉莉花茶选嫩芽好、条形饱满、白毫多、无叶；低档以叶为主，几乎无嫩芽或无芽。密封低温干燥储藏，避免和异味物放在一起。

生活妙用

清肝：对于高血脂的人来说，经常喝茉莉花茶可通过儿茶素有效地抑制脂肪与肝脂肪在体内积聚，从而降低血脂含量，达到保健效果。

降压：茉莉花茶中富含多种矿物质元素，其中的钾、钙、镁和锌都有预防高血压的作用。

 品饮赏鉴

1 茶具准备

茶匙1个，2~3g茉莉花茶，透明玻璃杯或瓷杯1个，并用清水清洗干净。

2 冲泡

用茶匙将茉莉花茶拨入玻璃杯中，头泡低注；二泡中斟；三泡高冲，加盖保香。

3 品茶

小口品饮，以口吸气、鼻呼气相配合，使茶汤在舌面上往返流动，充分与味蕾接触。

桂花茶

主产区：中国广西　品鉴指数：★★★★

抗老清热　通便排毒

　　精制茶坯与鲜桂花窨制而成的一种花茶。桂花有金桂、银桂、丹桂、四季桂和月月桂等品种，其中以金桂香味最浓郁持久。在桂花盛开期，采摘时要采呈金黄色、含苞初放的花朵，采回的鲜花要及时剔除花梗、树叶等杂物，制成茶。冬季喝桂花茶可缓解胃不适，可以自己在家做桂花茶。将七到十朵干桂花加入适量的红茶、红糖后，用热水冲泡。

性状　叶底柔软。嫩匀

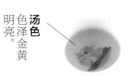

汤色　色泽金黄明亮。

口味
滋味醇和浓厚。

适宜人群
一般人群都可饮用，特殊禁忌者除外。

主要功效
通便，排毒，抗老。

性状特点
条索紧细匀整，色泽绿润。

挑选储藏

　　优质桂花茶条索紧细匀整，色泽绿润；花色金黄，香气馥郁。储藏桂花茶时要低温干燥，避免强光照射，不和有异味的物质存放在一起，如烟、酒等。

生活妙用

通便：桂花茶中的茶多酚具有促进胃肠蠕动、促进胃液分泌、增加食欲的功效，能将人体内的废弃物及时地排出体外。

排毒：桂花茶中的茶多酚可以与水质中的一些重金属元素（如铅、锌、锑、汞等）发生化学反应，产生沉淀，在饮入人体后通过排尿排出体外，减少毒素在人体内的存留时间。

抗老：桂花茶中含有茶多酚类物质，能清除氧自由基，具有很强的抗氧化性和生理活性，有效地清除体内的活性酶，有一定的抗老功能。

 品饮赏鉴

1　茶具准备
　　茶匙1个，桂花茶3g左右，冲洗干净的透明玻璃杯或瓷杯1个。

2　冲泡
　　用茶匙将桂花茶拨入玻璃杯中，冲入沸水至八分满，冲后立即加盖，以保茶香。

3　品茶
　　细品慢饮，茶香浓厚持久；饮后神清气爽，唇齿留香。

玉兰花茶

祛腻降压　杀菌解毒

玉兰花茶，以优质五指山春绿茶与优质白玉兰鲜花为原料，精心调制而成。其制作方法是将鲜花和经过精制的茶叶拌和，在静止状态下茶叶缓慢吸收花香，然后筛去花渣，将茶叶烘干而成。玉兰花茶香气鲜浓持久，滋味醇厚，汤色黄明。家庭制作可将玉兰花剥瓣，置入盐水中反复清洗沥干，入杯；加沸水，再加入绿茶，待味出即可当茶饮用。

性状
叶底嫩匀，柔软。

汤色
色泽黄明。

口味
滋味醇厚、回甜。

适宜人群
一般人群都可饮用，特殊禁忌者除外。

主要功效
解毒，降压，杀菌。

性状特点
条索紧细匀整。

挑选储藏

优质玉兰花茶香韵独特、滋味醇厚回甜，无叶者为上品；次之为一芽一二叶或嫩芽多，芽毫显露。储藏玉兰花茶时需密封干燥，置阴凉处。

生活妙用

解毒：玉兰花茶中茶多酚可与水中一些重金属元素（如铅、锌、锑、汞等）发生化学反应，产生沉淀，在饮入后通过排尿排出体外，减少毒素在人体内的存留时间。

降压：玉兰花茶中富含多种矿物质元素，其中的钾、钙、镁和锌都有预防高血压的作用。

杀菌：玉兰花茶中硫、碘、氯化物等有机化合物，能杀菌消炎。

 品饮赏鉴

1　茶具准备
茶匙1个，2~3g玉兰花茶，透明玻璃杯或瓷杯1个，并用清水清洗干净。

2　冲泡
将玉兰花茶投入热水烫好的玻璃杯中，冲入沸水至八分满，冲后即加盖，以保茶香。

3　品茶
滋味醇厚、回甜，细啜慢饮，方能品茶之韵味，进入茶之境界。

金银花茶

清热解毒 提神除忧

又称忍冬花，忍冬为半常绿灌木，茎半蔓生，其茎、叶和花皆可入药。鲜花经晒干或按制绿茶的方法制干后，即为金银花茶。市场上有两种，一种是鲜金银花与少量绿茶拼和，按花茶窨制工艺制成的金银花茶；另一种是用烘干或晒干的金银花与绿茶拼和而成。金银花茶味甘，性寒，具有清热解毒、疏利咽喉、消暑除烦的作用。

性状
嫩匀柔软。

汤色
金黄明亮。

口味
醇厚甘爽。

适宜人群
一般人群都可饮用，特殊禁忌者除外。

主要功效
解毒，提神，消暑。

性状特点
条索紧细匀直。

挑选储藏

优质金银花茶，外形条索紧细匀直，色泽灰绿光润，香气清纯隽永，汤色黄绿明亮，滋味醇厚甘爽，叶底嫩匀柔软。储藏金银花茶时要清洁、防潮、避光和无异味，并保持通风干燥，远离污染源。

生活妙用

解毒：金银花中的茶多酚可与水中一些重金属元素（如铅、锌、锑、汞等）发生化学反应，产生沉淀，通过尿液排出体外，减少毒素在人体内的存留时间。

消暑：金银花茶中的生物碱有调节人体体温的作用，在炎热的夏季饮用热茶，能够起到消暑的作用。

提神：茶中的生物碱是一种兴奋剂，能使人体中枢神经系统兴奋，使人精神振奋。

 品饮赏鉴

1 茶具准备
茶匙1个，金银花茶2~3g，冲洗干净的透明玻璃杯或瓷杯1个。

2 冲泡
用茶匙将茉莉花茶置入玻璃杯中，头泡低注；二泡中斟；三泡高冲。

3 品茶
茶香飘散，细啜慢咽后更觉清醇微甜，回味绵长。

珠兰花茶

主产区：中国安徽　品鉴指数：★★★★

珠兰花茶是以烘青绿茶、珠兰或米兰鲜花为原料窨制而成，是中国主要花茶产品之一，因其香气浓烈持久而著称，尤以珠兰花茶为佳，产品畅销国内及海外。兰，也叫珍珠兰、茶兰，为草本状蔓生常绿小灌木，单叶对生，长椭圆形，边缘细锯齿，花无梗，黄白色，有淡雅芳香。四至六月开花，以五月份为盛花期，故夏季窨制珠兰花茶最佳。该茶生产始于清乾隆年间（一七三六至一七九五年），迄今已有二百余年。

性状
叶底黄绿细嫩。

汤色
清澈黄亮。

口味
浓醇甘爽。

适宜人群
一般人群都可饮用，特殊禁忌者除外。

主要功效
防辐射，通便，减肥。

性状特点
条索紧细。

挑选储藏

优质珠兰花茶外形条索肥壮匀齐，色泽深绿光润，花干整枝成朵，内质香气清芳、幽雅高长。储藏珠兰花茶时要密封、低温、干燥。

生活妙用

防辐射： 珠兰花茶中的脂多糖抗辐射效果好，对于经常受电脑辐射的人群来说，经常饮用热茶能起到很好的防辐射作用。

通便： 珠兰花茶中的茶多酚具有促进胃肠蠕动、促进胃液分泌、增加食欲的功效，茶多酚被人体吸收后，能达到通便的目的，使人体的有害物质及时地排出体外。

减肥： 提高人体胰脏脂肪分解酵素的活性，降低糖与脂肪的吸收，加快脂肪燃烧。

品饮赏鉴

1 茶具准备
茶匙1个，珠兰花茶2~3g，冲洗干净的透明玻璃杯或瓷杯1个。

2 冲泡
用茶匙将珠兰花茶拨入透明玻璃杯中，注入100ml沸水，充分浸润茶芽。

3 品茶
茶叶徐徐沉入杯底，花在水中悬挂，既有兰花的幽雅芳香，又有绿茶的鲜爽甘美。

玫瑰花茶

减肥通便　养颜护肤

　　玫瑰花茶，是用玫瑰花和茶芽混合窨制而成的花茶。玫瑰原名徘徊花，香气甜美，是红茶窨花主要原料。玫瑰花富含维生素A、B族维生素、维生素C及单宁酸，能改善内分泌失调，对消除疲劳和伤口愈合有帮助，长期饮用有美容护肤的功效。家制玫瑰花茶，可将几枚干玫瑰花配上绿茶少许及红枣几颗，用沸水冲饮。在玫瑰花茶中加入冰糖或蜂蜜，可减轻其涩味。

性状
叶底红润。

汤色
金黄明亮。

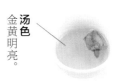

口味
醇和浓厚。

适宜人群
一般人群都可饮用，特殊禁忌者除外。

主要功效
清热，养颜，利尿。

性状特点
条索紧细匀直。

挑选储藏

　　优质玫瑰花茶较重，且没有梗子、碎末等东西。储藏时一定要远离污染源，不和刺激性物质存放，此外还要密封、低温、干燥。

生活妙用

清热： 玫瑰花茶中含有脂多糖的游离分子、氨基酸、维生素C和皂甙化合物，这些物质都具有清热功能。

养颜： 玫瑰花茶中含丰富的维生素A、B族维生素等，能调气血，调理女性生理问题，促进血液循环，有一定美容的功效。

利尿： 玫瑰花茶中的咖啡碱可起到刺激肾脏的作用。喝茶后，咖啡碱进入体内，刺激肾脏，促使尿液迅速排出体外。

 品饮赏鉴

1 茶具准备
　　2~3g玫瑰花茶，茶匙1个，透明玻璃杯或瓷杯1个，并用清水冲洗干净。

2 冲泡
　　用茶匙将玫瑰花茶拨入玻璃杯中，向杯中注入开水至杯身一半，茶叶浸透后再注入。

3 品茶
　　玫瑰花香郁浓厚，沁人心脾，依口味适量加入蜂蜜。

普洱方茶

抗癌减肥　利尿解毒

主要产于云南西双版纳勐海茶丁和昆明茶厂。以云南大叶种晒青毛茶一、二级为原料，然后蒸压成正方形块状。因蒸压成方形，故称普洱方茶。一般都要经过杀青、揉捻、干燥、堆捂等工序制成。该茶外形平整，白毫显露，香味浓厚甘和。有人喝普洱方茶头晕，可能因为本身对茶叶比较敏感或茶泡得过浓或东西吃得少，出现这种情况要及时调整茶的浓度。

性状
叶底嫩匀。

汤色
色泽黄明。

口味
滋味醇厚。

适宜人群
一般人群都可饮用，特殊禁忌者除外。

主要功效
利尿解毒，抗癌，减肥。

性状特点
外形紧结端正，模纹清晰。

挑选储藏

优质普洱方茶外形紧结端正，模纹清晰，色泽墨绿，汤色黄明，叶底嫩匀。阴凉、避光保存，置于-5℃冻箱里效果更佳。

生活妙用

利尿解毒：普洱方茶中咖啡碱的利尿功能是通过肾促进尿液中水的滤出率来实现的。此外，咖啡碱有助于醒酒，解除酒毒。

抗癌：普洱方茶含茶黄素和茶红素，茶黄素是自由基清除剂和抗氧化剂，具有抗癌、抗突变功能。

减肥：普洱方茶中的黄烷醇类、叶酸和芳香类物质等多种化合物，能增强胃液的分泌，调节脂肪代谢，促使脂肪氧化，除去人体内多余脂肪。

 品饮赏鉴

1 茶具准备
冲洗干净的紫砂壶，茶刀，普洱方茶4~5g。

2 冲泡
向紫砂壶中注入100℃沸水，加盖充分浸泡干茶。

3 品茶
分3次品饮。先细啜品茶的醇正，后大口品茶的浓淡、醇和度，再体会茶之韵味。

米砖茶

主产区：中国湖北　品鉴指数：★★★★

产于湖北蒲圻（现赤壁市）。以红茶片、红茶末为原料，经蒸压而成的红砖茶。其洒面及里茶均用茶末，故称米砖。米砖茶根据原料和制作工艺的不同，可分为黑砖茶、花砖茶、茯砖茶、米砖茶、青砖茶、康砖茶等。米砖茶又分为特级米砖茶和普通米砖茶。其制作工序为筛分、拼料、压制、退砖、检砖、干燥、包装等。主销新疆及华北地区，部分出口俄罗斯和蒙古等国家和地区。

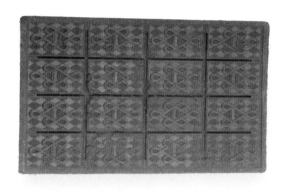

性状
叶底匀，柔软。嫩。

汤色
色泽红浓。

口味
味道醇厚。

适宜人群
一般人群都可饮用，特殊禁忌者除外。

主要功效
利尿，解毒，养胃。

性状特点
砖模棱角分明，纹面图案清晰。

挑选储藏

优质米砖茶外形美观，砖模棱角分明，色泽乌润细致均匀，香气醇香不含异味，手感紧实圆润，冲泡后颜色鲜红明亮。储藏米砖茶时要求密封、低温、干燥，杜绝挤压。

生活妙用

利尿： 米砖茶中的咖啡碱和芳香物质联合作用下肾脏的血流量增加，提高肾小球过滤率，扩张肾微血管，并抑制肾小管对水的再吸收，促成尿量增加。

解毒： 米砖茶中的茶多碱能吸附重金属和生物碱，并沉淀分解，这对饮水和食品受到工业污染的现代人来说大有帮助。

养胃： 米砖茶是经发酵烘制而成的，其所含茶多酚在氧化酶的作用下发生酶促氧化反应含量减少，对胃部的刺激性也随之减小。

 品饮赏鉴

1 茶具准备
米砖茶3g左右，紫砂壶，赏茶盘，茶匙，热水壶等。

2 冲泡
用茶匙将米砖茶投入紫砂壶中，注入100℃左右的沸水。

3 品茶
伴着醉人的香气，小口慢慢吞咽品茗，滋味鲜爽甘甜，回味绵长。

普洱沱茶

抗老美容　护齿养胃

沱茶是云南茶叶的传统制品。普洱沱茶是一种圆锥窝头状的紧压茶，原产于云南省景谷县，又称"谷茶"。该茶外形紧结，色泽褐红，有独特的陈香，滋味回甘，汤色橙黄明亮。能除脂肪，减体重，健身体，延年寿。饮用时，先将其掰成碎块，每次取三克，用开水冲泡五分钟即可。也可将其掰成碎块放入瓦罐烤香后再用沸水冲泡，冲泡时可加入油、盐、糖等调料。

性状
均匀。叶底褐红

汤色
橙黄明亮。

口味
醇厚回甘。

适宜人群
一般人群都可饮用，特殊禁忌者除外。

主要功效
护齿，抗老，美容。

性状特点
外形紧结，色泽褐红。

挑选储藏

外形紧结，色泽褐红，有独特的陈香，滋味回甘，汤色橙黄明亮。普洱沱茶要通风避光存放，此外，因其茶叶具有极强的吸异性，故不能与有异味的物质混放在一起。

生活妙用

护齿：普洱沱茶中含有许多生理活性成分，具有杀菌消毒作用，可去除口腔异味，保护牙齿。

抗老：普洱沱茶中含有儿茶素类化合物，长期饮用具有抗衰老的作用。

美容：普洱沱茶能调节人体新陈代谢，促进血液循环，平衡体内机能，有美容功效。

品饮赏鉴

1 茶具准备
　　清洗干净的厚壁紫砂壶，特质茶刀，普洱沱茶5g左右等。

2 冲泡
　　向紫砂壶中注入150~200ml沸水，加盖5秒钟。

3 品茶
　　第一泡不饮，从第二泡开始品茗，滋味醇和爽口；可反复冲泡，至茶味极淡。

方包茶

抗老抑癌　杀菌消炎

　　方包茶产于四川灌县。因将原料茶筑压在方形篾包中而得名。属篓包型炒压黑茶之一。方包茶以夏季刀割成熟茶树枝梢，经晒干作为毛茶。方包茶压制工艺分蒸茶、渥堆、称茶、炒茶、筑包、封包、烧包和晾包等工序。其规格为蔑包方正，四角稍紧。主销四川阿坝藏族自治州、甘孜藏族自治州等，以松潘为中心，并转销甘肃、青海、西藏等毗邻地区。

性状
叶底黄褐。

汤色
色泽红黄。

口味
味道醇和。

适宜人群
一般人群都可饮用，特殊禁忌者除外。

主要功效
防龋齿，抑癌，杀菌。

性状特点
篾包方正，四角稍紧。

挑选储藏

　　优质方包茶油黑有光泽，有明显的松烟香。如中心部位发乌、无光泽、晦暗，为劣质茶叶。存储方包茶时要保持干燥，避免强光照射，严禁与有强烈异味（如油漆类、酒类、含化学挥发气味类）物质存放一室。

生活妙用

防龋齿： 方包茶中矿物元素氟对龋齿及老年骨质疏松有一定疗效。

抑癌： 方包茶中矿物元素硒能刺激免疫蛋白及抗体的产生，增强人体对疾病的抵抗力，对抑制癌细胞的产生与发展有疗效。

杀菌： 方包茶中的茶黄素是自由清除剂和抗氧化剂，可抑菌抗病毒。

 品饮赏鉴

1 茶具准备
　　冲洗干净的紫砂壶，茶刀，普洱方茶4~5g，公道杯等。

2 冲泡
　　用茶刀取适量方包茶置入紫砂壶中；向公道杯中注入100℃的沸水，加盖充分浸泡。

3 品茶
　　分3次品饮，先细啜品茶的醇正，后大口品茶的浓淡、醇和度，再体会茶之韵味。

黑砖茶

瘦身排毒　消食降压

　　现由湖南白沙溪茶厂独家生产。因用黑毛茶作原料，色泽黑润，成品块状如砖，故得名黑砖茶。制作时先将原料筛分整形，风选拣剔提净，按比例拼配；机压时，先高温气蒸灭菌，再高压定型，检验修整，缓慢干燥，包装成为砖茶成品。该茶属于黑茶，具有消食去腻、降脂减肥、降三高、解酒、暖胃、安神等功效，还有补充膳食营养、抑制动脉硬化等功效。

老嫩尚匀。 **性状**

红黄微暗。 **汤色**

口味
滋味浓厚微涩。

适宜人群
一般人群都可饮用，特殊禁忌者除外。

主要功效
减肥，消食，降压。

性状特点
砖面端正，四角平整，模纹清晰。

挑选储藏

　　优质黑砖茶为长方砖形。砖面端正，四角平整，模纹清晰；色泽黑褐；滋味浓厚微涩。存储时要保持干燥、避免强光，禁与有强烈异味且易挥发性物质存放一室。

生活妙用

减肥：黑砖茶中的维生素以及纤维化合物能被人体吸收，喝茶后，这些食物会停留在腹中，给人以饱足感，减少进食，长期饮用可减肥。

消食：黑砖茶中富含膳食纤维，具有调理肠胃的功能；且有益生菌参与，能改善肠道微生物环境，帮助消化。

降压：黑砖茶中富含多种矿物质元素，其中的钾、钙、镁和锌都有预防高血压的作用。

品饮赏鉴

1 茶具准备
　　冲洗干净的紫砂壶，茶刀，黑砖茶4~5g，公道杯等。

2 冲泡
　　用茶刀取适量黑砖茶置入公道杯中；向紫砂壶中注入100℃的沸水，加盖浸泡。

3 品茶
　　细品慢啜方能体会出茶香中所蕴涵的至清、至醇、至真、至美的韵味。

花砖茶

主产区：中国湖南　品鉴指数：★★★★

抗癌减肥　防老消食

也称"花卷"，因一卷茶净重合老秤一千两，故又称"千两茶"。压制花砖茶的原料成分主要是三级黑毛茶，也有少量降档的二级黑毛茶。总含梗量不超过15%。毛茶进厂后，要经筛分、破碎、拼堆等工序，制成合格的半成品，之后进行蒸压、烘焙、包装制成花砖茶成品。饮用时先将花砖茶捣碎，烹煮时不断搅拌，使茶汁充分浸出，还可依个人口味加调料。

性状
叶底老嫩匀称。

汤色
色泽红黄。

口味
浓厚微涩。

适宜人群
一般人群都可饮用，特殊禁忌者除外。

主要功效
抗癌，减肥，防衰老。

性状特点
正面边有花纹，砖面色泽黑褐。

挑选储藏

优质花砖茶正面边有花纹，砖面色泽黑褐，内质香气醇正，滋味浓厚微涩，汤色红黄，叶底老嫩匀称，一般净重2千克。花砖茶适宜存放在通风、避光、干燥、无异味的地方。

生活妙用

抗癌：茶中含茶多酚，能抑制和阻断体内致癌物亚硝基化合物的形成。

减肥：茶中的咖啡碱、黄烷醇类、叶酸等多种化合物，能调节脂肪代谢，促使脂肪氧化，除去多余脂肪，有减肥功效。

防衰老：茶中茶多酚类物质，能清除氧自由基，有很强的抗氧化性和生理活性，有效清除体内的活性酶，使人体细胞获得再生与活力，防衰老。

 品饮赏鉴

1 茶具准备
清洗干净的紫砂壶，特质茶刀，5g左右的花砖茶，公道杯。

2 冲泡
用特质茶刀取花砖茶置入公道杯；向紫砂壶中注入150~200ml沸水，加盖。

3 品茶
分汤洗盏第一泡不饮；第二泡开始品茗，滋味浓厚微涩；反复冲泡，至茶味极淡。

第九章　花草养生茶

　　花草养生茶源自中医理论，甄选玫瑰花、薰衣草等原生态植物搭配而成，具有排毒养颜、消脂减肥等功效。饮用时可依个人口味加入适量冰糖或蜂蜜。花草养生茶是女性美颜保健的首选茶，但例假期间不宜饮用；孕妇，糖尿病、高血压、肾病患者也需慎用。本章在介绍花草养生茶功效的同时，也对其配方药材做了简述，茶之特性了然于目。Hold住爱美女性的美颜佳饮，花草养生茶当仁不让。

柴胡丹参消脂茶

将柴胡、丹参研成粗末，与铁观音茶叶混匀，用开水冲泡，还可以加入北山楂、白芍，每日饮用，消脂溶脂。柴胡、白芍疏肝理气，抑制脂肪增长；丹参养血安神；北山楂健脾和胃，五种成分可以共同达到疏肝健脾、理气化瘀、扶正的效果，不仅能消脂减肥，还对脂肪肝患者有很好的养护作用。

原料赏鉴

 +

柴胡   北山楂

主要功效
性微寒、味苦，可疏肝理气，抑制脂肪增长。

主要功效
性微温、味甘酸，可健脾养胃、消食减肥。

生活妙用
柴胡丹参消脂茶有疏肝理气、健脾养胃、消脂减肥的功效，可以促进消化系统的健康运作，防止肝部脂肪堆积，维持肝脏正常代谢。

枸杞红枣丽颜茶

枸杞和红枣煎煮而成，饮用时加适量冰糖，有美容养颜的功效。红枣营养丰富，补中益气、养血安神、健胃养脾；枸杞补肾益精、补血安神，是日常保养的佳品。此茶是爱美女性的美颜茶，对那些因经常加班、睡眠不足、电脑辐射而导致的面色晦暗、皮肤粗糙有很好的帮助，还可提升气血，使面色红润。

原料赏鉴

 +

枸杞   红枣

主要功效
可以补肾益精、补血安神。

主要功效
可以补中益气、养血安神、健胃养脾。

生活妙用
枸杞红枣丽颜茶有补中益气、补血安神、健胃养脾、补肾益精的功效，对于爱美的女性来说，是日常补养、美肤的佳品。

花生衣红枣补血茶

将花生红衣和红枣洗净煎汤当茶饮用可补血升白。花生衣养血止血，能对抗纤维蛋白的溶解；红枣味甘性温，含有多种营养元素，能补气养血、缓和药性。常饮此茶可以提高人体免疫力，抑制癌细胞，对防治骨质疏松也有很好的效果，特别对女性非常好，有很好的滋阴补血的功能。

原料赏鉴

 +

红枣　　　　　　花生皮（红衣）

主要功效
性温、味甜，能补中益气、养血安神。

主要功效
营养丰富，能养血止血、散瘀消肿。

生活妙用

花生衣红枣补血茶有补中益气、养血安神、散瘀消肿等功效，能提高人体机体的抗病能力，是女性健康生活的滋阴佳品。

洛神花玉肤茶

由洛神花和蜂蜜煎煮而成。洛神花含有丰富的蛋白质、有机酸、维生素C、多种氨基酸及多种对人体有益的矿物质，是天然药材之一。对油性皮肤的人来说，洗脸时加入一些洛神花，能抑制油腻，经常饮用，皮肤会细嫩润滑；蜂蜜能消除皮肤的色素沉淀，促进上皮组织再生。此茶还能改善睡眠质量。

原料赏鉴

 +

蜂蜜　　　　　　洛神花

主要功效
补充体力，消除疲劳，增强对疾病的抵抗力。

主要功效
味甘，能清热、消烦，促进食欲，生津止渴。

生活妙用

洛神花玉肤茶有清热除烦、改善肤质、抗衰老、生津开胃、安神助眠的功效，是穿梭在都市丛林中"杜拉拉"们的闺房益友。

去黑眼圈美目茶

用赤小豆十克、丹参三克煎煮而成，加入红糖适量即可饮用。赤小豆性平，味甘酸，能利水消肿、解毒排汗、加快毛细血管循环，适用于睡眠不足造成的黑眼圈，对早起脸浮肿也有明显的改善作用；丹参活血调经、祛瘀止痛、养血安神。该茶适用于常常加班熬夜的上班族，可以效促进血液循环，改善眼疲劳。

 原料赏鉴

 +

赤小豆　　　　　　　丹参

主要功效
性平、味甘酸，能利水消肿、解毒排汗。

主要功效
可以祛瘀止痛、活血通络、益气养血。

生活妙用
去黑眼圈美目茶有利水消肿、解毒排汗、促进眼部毛细血管微循环等功效，对熬夜造成的脸部浮肿、黑眼圈有一定的改善作用。

普洱山楂纤体茶

取山楂五克，洛神花二克，普洱茶一匙，用开水冲泡，放入适量冰糖，待茶叶浓香时，放入五朵菊花即可。山楂促消化；洛神花性凉味酸，甘而涩，入肝、胃二经，具有降脂降压、开胃健脾、纤体瘦身、抗疲助睡的作用；普洱去油腻。此茶除瘦身外，还可明亮眼睛、润泽肌肤，可谓是美颜、瘦身一举两得。

原料赏鉴

 + +

山楂　　　　　　普洱茶　　　　　洛神花

主要功效
可开胃消食、降血压、软化血管。

主要功效
去油解腻、降脂减肥。

主要功效
降脂降压、开胃健康、纤体瘦身、抗疲助睡。

生活妙用
普洱山楂纤体茶有解油去腻、开胃健脾、降脂减肥、纤体瘦身、抗疲助睡的功效，是女性朋友拥有完美身材的必备佳品。

柠檬清香美白茶

柠檬中含柠檬酸、苹果酸、丰富的维生素C、维生素B1、维生素B2及香豆精类、谷甾醇类、挥发油等营养物质。柠檬所含的成分除提供营养素外，还可促进胃中蛋白质分解酶的分泌，增加胃肠蠕动，有助消化吸收；柠檬汁有很强的杀菌作用和抑制子宫收缩的功能，并能降血脂。因柠檬可帮助消化，故常被当作餐后茶饮用。

原料赏鉴

柠檬

\+

柠檬汁

主要功效
消除皮肤色素沉淀，使肌肤光洁白嫩。

主要功效
杀菌和抑制子宫收缩，并能降低血脂。

生活妙用
柠檬清香美白茶有美白嫩肤、开胃消食、提神解乏、降血脂的功效，能对抗和消除皮肤色素沉淀，清新气息让人欲罢不能。

参须黄芪抗斑茶

参须、黄芪搭配枸杞、当归和红枣，放入清水中煮沸，去渣即可当茶饮用。参须性较平凉，味微苦，滋阴清火，可增强肌肤抵抗力；黄芪素有"小人参"之称，可行气活血，使血液循环通畅。该茶从内部调节，促进皮肤的新陈代谢，常饮能有效防止脸部皮肤黑色素的沉积，可以收到洁肤除斑的功效。

原料赏鉴

黄芪

\+

参须

主要功效
有助于行气活血，使血液循环畅通。

主要功效
味微苦，滋阴清火，增强肌肤的抵抗力。

生活妙用
参须黄芪抗斑茶有行气活血、滋阴清火、洁肤除斑等功效，能促进皮肤的新陈代谢，改善女性体内气血微循环，抑制黑色素沉积。

咖啡乌龙瘦脸茶

提神醒脑 助消去脂

用开水冲泡乌龙茶，加适量咖啡，稍冷却后即可饮用。此茶中，乌龙茶是半发酵茶，几乎不含维他命C，但富含铁、钙等矿物质，也有促进消化酶和分解脂肪的成分；饭前或饭后喝一杯乌龙茶，能促进脂肪的分解；咖啡中的咖啡因和可可碱，能提神醒脑、促进消化，两者搭配饮用，有很好的瘦脸功效。

 原料赏鉴

 +

乌龙茶　　　　　　　咖啡

主要功效
降低血脂、促进消化和脂肪分解。

主要功效
提神醒脑、利尿强心、促进消化。

生活妙用
咖啡乌龙瘦脸茶有助消去脂、利尿强心、提神醒脑等功效，通过促进消化、分解脂肪来防止人体内脂肪过度堆积，从而达到瘦脸的效果。

黑芝麻乌发茶

乌发润发 健脑活髓

黑芝麻五百克，核桃仁二百克，白糖二百克，茶适量。黑芝麻、核桃仁拍碎，糖十克，用茶冲服。此茶中的黑芝麻含有大量的脂肪和蛋白质，还有糖类、维生素A、维生素E、卵磷脂、钙、铁、铬等营养成分，有乌须发、益脑活髓的功效；核桃仁是难得的补脑坚果，能促进头部血液循环，还能增强大脑记忆力。

 原料赏鉴

 +

黑芝麻　　　　　　　核桃仁

主要功效
气微味甘，有乌须发、益脑活髓的功效。

主要功效
可以促进头部血液循环，增强大脑记忆力。

生活妙用
黑芝麻乌发茶有乌须发、健脑活髓的功效，能促进人体脑部的血液循环，增强记忆力，保持头发光泽滋润、乌黑亮丽。

双花祛痘茶

由金银花和菊花搭配连翘煎制而成。金银花性寒味甘，可清热解毒、抗菌消炎；菊花味微甘、性微寒，有抗癌解毒、消炎利尿、明目醒脑等作用。该茶对内火过剩引起的小痘痘有很好的攻克疗效，也适宜一些喜欢吃辣、口味比较重、容易生痱子的人饮用，常饮还能改善皮肤，但体质虚寒的人不宜饮用。

 原料赏鉴

 +

菊花　　　　　　　金银花

主要功效
味微甘、性微寒，可消炎利尿、降压安神。

主要功效
性寒、味甘，可清热解毒、抗菌消炎。

生活妙用

双花祛痘茶有清热解毒、防暑降压、抗菌消炎、降压安神、明目醒脑等功效，对于因内火过剩或者吃辣引起的小痘痘都有不错的治疗效果。

丹参泽泻瘦腰茶

用丹参、绿茶、何首乌和泽泻煎制而成，去渣即可饮用。泽泻含三萜类化合物、挥发油、生物碱、天门冬素树脂等，能够加快尿素和氯化物的排泄；丹参能补充身体所需的各种营养元素；何首乌能解毒、通便。三者搭配，能加速脂肪的溶解，抑制脂肪在腰部的堆积。常饮此茶能很好地保持腰部曲线。

 原料赏鉴

 +

丹参　　　　　　　泽泻

主要功效
味苦、性微寒，可以活血化瘀、安神凉血。

主要功效
味甘、性寒，可以降压降脂、利尿、抗脂肪肝。

生活妙用

丹参泽泻瘦腰茶有益气补血、润肠解毒、利水消脂等功效，能促进人体内多余水分的排出，抑制腰部脂肪的堆积，塑造完美的曲线。

苍术厚朴和胃茶

行气和胃
化湿运脾

将苍术、厚朴捣碎后，加一些陈皮、甘草，用纱布包起来，放入保温杯中，再放些生姜和大枣，用开水冲泡，即可代茶饮用。苍术对胃平滑肌有轻度的兴奋作用，可抑制胃液分泌，并能增强胃黏膜的保护作用；厚朴主要用于治疗脾胃虚损、腹前胀满等症状。两者合用有增强肠蠕动的作用，对治疗脘腹胀满效果较好。

原料赏鉴

 +

厚朴   苍术

主要功效
味苦、性温，行气化湿、消除胀满。

主要功效
性温苦燥，对除湿运脾有一定的功效。

生活妙用
苍术厚朴和胃茶有行气和胃、化湿运脾、消除胀满的功效，可调整人体的胃肠功能恢复正常，缓解脾胃虚损状态。

益母草亮发茶

乌发亮发
健脾补肺

由益母草、淮山、红枣、当归、何首乌等材料一起煎煮而成，滤渣取汁即可饮用。淮山供给人体大量的粘蛋白，富含精氨酸、淀粉酶、碘、钙、磷及维生素C等，能健脾补肺、固肾益精；何首乌补充头发营养，促进大脑血液循环；益母草改善微循环；当归活血补血、润肠通便。此茶可以乌发、养颜。

原料赏鉴

 +

益母草   淮山

主要功效
可以调经活血、散瘀止痛、利水消肿。

主要功效
有健脾补肺、固肾益精之功效，是健脑、明目的佳品。

生活妙用
益母草亮发茶有活血调经、健脾补肺、固肾益精、养血安神的功效，不仅能达到乌发效果，更有美颜、抗衰老的作用。

山楂迷迭香茶

消食化积　提神益智

　　将迷迭香和山楂放入锅内加水煮沸，根据个人口味放入适量的冰糖，用调匙充分搅拌至冰糖融化，然后加入干柠檬片即可饮用。该茶比较适合办公室上班的白领们，由于长时间坐着不动，脂肪在腿上慢慢堆积，喝一杯清香的山楂迷迭茶能有效减掉腿部多余水分和脂肪，并能减缓静脉曲张，净化肠胃。

🍵 原料赏鉴

 + 　　　

　　　迷迭香　　　　　　　　山楂

主要功效
味辛辣、微苦，促进血液循环，减肥。

主要功效
能健脾开胃、消食化滞、活血化痰。

生活妙用
山楂迷迭香茶有提神益智、消食化积、活血散瘀的功效，可促进人体血液循环，防止久坐不动者脂肪在腿部的堆积，减缓动脉曲张。

绿豆清毒茶

解暑排毒　清热解毒

　　将绿豆洗净，加入适量水煮二十分钟，再加入绿茶、红糖，焖十分钟即可代茶饮用。绿豆富含蛋白质、脂肪、磷脂、胡萝卜素及维生素B1等；绿茶能促进消化，快速排除体内毒素。两者合用能有效调节内分泌，还能美白肌肤、抗衰老。在皮肤病治疗上可提取绿豆、绿茶中的有效物质进行治疗，从而改善皮肤。

🍵 原料赏鉴

 +

　　　绿豆　　　　　　　　　绿茶

主要功效
富含蛋白质和维生素，能有效调节内分泌，清热解毒。

主要功效
可以促进吸收，排毒养颜，美白肌肤，抗衰老。

生活妙用
有效调节内分泌，还能美白肌肤、抗衰老。